KB248534

요절복통 삼남매 키우기

불량엄마의 선택적 교육관

요절복통 삼남매 키우기

불량엄마의 선택적 교육관

초판 1쇄   2018년 03월 12일

지은이   김정희
발행인   김재홍
디자인   이슬기
교정·교열   김진섭
마케팅   이연실

발행처   도서출판 지식공감
등록번호   제396-2012-000018호
주소   경기도 고양시 일산동구 견달산로225번길 112
전화   02-3141-2700
팩스   02-322-3089
홈페이지   www.bookdaum.com

가격   13,000원
ISBN   979-11-5622-347-4 13590

CIP제어번호   CIP2018004630
이 도서의 국립중앙도서관 출판예정도서목록(CIP)은 서지정보유통지원시스템 홈페이지(http://seoji.nl.go.kr)
와 국가자료공동목록시스템(http://www.nl.go.kr/kolisnet)에서 이용하실 수 있습니다.

불량엄마의 선택적 교육관

김정희 지음

지식공감

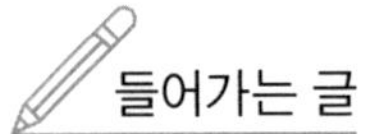 들어가는 글

엄마의 역할은 참 정의 내리기가 어렵다.

그 어려운 걸 해내고 있는 대한민국의 엄마에게 먼저 아낌없는 칭찬을 하고 싶다.

나는 이야기하고 싶었다. 엄마라 감사하다고 엄마이기에 행복하다고 그리고 엄마인 내가 좋다고. 나는 정말 일명 좋은 엄마는 아니다. 난 이것이 좋다. 그 좋은 엄마라는 말의 의미가 나의 발목을 잡지 말았으면 좋겠다. 또한 세상 모든 엄마들의 발목을 잡지 말았으면 좋겠다는 바람으로 글을 쓰게 되었다.

먼저 난 세 아이의 엄마다. 일명 하하하남매.

난 이렇게 명칭 붙이는 걸 좋아한다. 하하하란 뜻은 우리 아이들의 이름을 모두 내가 지었는데 그 중 돌림자 '하'를 떼어다가 모은 것이다. 이 단순한 명칭이 우리 가족을 나타내는 이름이 되어버렸다. 난 하하하남매맘이라 일컬어진다. 우리 하남매들은 하군, 하딸, 막내하딸 이렇게 삼남매이다. 나이 터울이 없다. 중3, 중1, 초6이다. 합쳐도 모두 3살 차이. 아마 모든 엄마들은 나이 터울을 아는 순간 아이들이 애기였을 때 어떤 상황이었는지 눈에 선할 것이다. 이런 환경 속에서 어떻게 아이들을 키웠는지 이야기를 나누고 싶었다.

그 전에 나의 어릴 적 모습을 살짝 들여다보자면 알콜 중독 아빠 밑에서 오빠와 나 그리고 집 나간 엄마까지 누가 보기에도 선뜻 좋은 환경이라고 할 수는 없는 가정에서 자랐다. 초1 때부터 난 새엄마와 아빠랑 살았고, 오빠는 새엄마와 함께 살기가 싫다며 할머니 댁으로 가버렸다. 그러다 새엄마는 내가 결혼하기 1년 전쯤에 자궁암으로 돌아가셨고, 아빠는 우리 하군이 태어나고 7개월이 되었을 즈음에 뇌출혈로 쓰러지셨다. 안타깝게도 쓰러지신 지 일주일 만에 돌아가셨다.
이렇게 50대에 돌아가신 새엄마와 아빠의 삶이 지금 생각해 보면 너무 가슴이 아프다. '젊은 세월 술로 다 보내시고, 너무도 이른 나이에 손자 손녀 재롱도 보시지 못한 채 그렇게 세상을 등지신 삶이 얼마나 아까우실까?' 하는 생각이 든다.

그렇게 오빠는 다 클 때까지 할머니 밑에서, 난 새엄마 밑에서 고등학교를 졸업하였다. 그래서일까? 오빠와 나의 관계도 그저 그렇다.

어릴 적 추억을 함께 나눌 이야깃거리가 없어서 그렇지 않나? 라는 생각에 마음 한편이 쓸쓸해질 때도 있다. 오빠와 나 둘 다 이젠 가정을 이룬 중년의 나이다. 그 쓸쓸한 마음은 아이들과 배우자들의 사랑으로 채워 가고 있고 지금은 행복한 삶들을 살아가는 중에 있다.

이런 부족한 것투성이인 내가 글을 쓴다는 것이 쉽지는 않았다. 일기처럼 시작하였다. 하하하남매 맘의 일상, 아내인 나의 삶, 그리고 나 자신의 삶. 그렇게 일상을 모으다 보니 한 권의 책이 되었다. 조금은 다른 엄마의 삶을 난 살고 있다.

일명 '불량엄마'이다. 나 자신을 불량엄마라 부르는 것은 누구나가 생각하는 모범적인 엄마의 모습은 없기 때문이다. 조금은 다른 생각을 가지고 아이들을 키우기 때문이다. 우리 하남매들은 그러나 행복하다고 이야기한다.

며칠 전 함께 설교를 듣는 중에 "여러분들의 행복지수는 10점 만점이라면 몇 점이신가요?" 라는 질문에 우리 하남매들 모두 10점을 외친다. 난 이런 아이들의 모습이 좋다.

우리 하남매들은 소위 좀 다르게 양육하신 유명하신 분들의 자녀들처럼 특출 난 모습은 없다. 학교에서 공부를 1등 하는 것도 아니요, 어느 대회에 나가서 상을 휩쓸어 오는 것도 아니다. 아주 평범한 아이들이다. 어느 가정에서나 있는 그런 평범한 아이들. 조금 불량스러운 엄마와 함께 자라지만 왜 우리 아이들은 평범할까?

보편적인 양육의 형태를 보이지 않는데도 평범한 아이들로 살아가는 우리 하남매들.

이 아이들과의 좌충우돌하는 이야기를 한번 그려볼 예정이다.

엄마들이여 좋은 엄마, 바른 엄마, 슈퍼우먼 콤플렉스에서 벗어나보라. 내가 너무 아등바등하지 아니하여도 우리 아이들은 행복하게 잘 자랄 것이다.

모든 엄마가 내 아이는 리더가 되길 바라는 세상에서 난 "평범해도 괜찮다."라고 이야기하고 싶다. 모두가 리더가 되면 동참하는 구성원은 누가 할 것인가?

난 우리 하남매들이 자신들이 서있는 그곳에서 반짝반짝 빛나길 바란다. 어느 곳에 있든지 자신의 삶을 책임지고 주위 사람들에게 선한 영향력을 미치는 삶.

그것이 불량한 엄마인 내가 이 글을 쓰는 이유이다.

CONTENTS

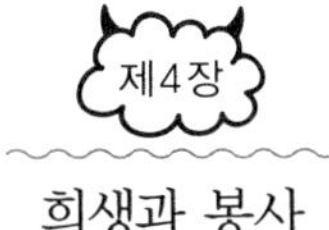

제1장

엄마의 권리

내 나이 27세에 엄마가 되었다.
엄마란 존재의 마음도 모른 채 첫아이를 낳았기에 그냥 된 엄마.
역시 피는 물보다 진하다 하였던가?
마음은 누구보다 더 엄마였지만 나의 모습은 전혀 그렇지 못하였다.
그런 내가 엄마이기에 가지는 권리.

나는 아무것도 해 줄 것이 없다

　　나는 나 자신조차도 챙기기가 힘든 사람이다. 부모님은 내가 7살쯤 되었을 때 이혼을 하셨다. 더 정확하게 이야기하자면 엄마가 집을 나가버린 것이다. 어린 나는 이해할 수도, 이해를 해야 되는지도 모른 채 그저 새엄마가 들어오셨고 그냥 같이 살았다. 아빠는 건설현장에서 일을 하는 목수셨는데 기술이 좋으셨는지 오라는 곳을 많았던 걸로 기억하지만 우리 집은 항상 가난했다.

　　새엄마는 아빠랑 함께 술을 좋아하시는 분이셨다. 그러니 우리 집의 풍경은 늘상 술잔치였고 종종 감정이 격해지면 아빠는 새엄마도 막 때리셨다. 그런데 아빠는 다음 날 술이 깨면 또 언제 그랬냐는 듯 다정한 남편의 모습으로 손이 발이 되도록 비셨다. 그렇게 우리 가정은 하루하루를 보냈다.

　　힘든 가정에서 자랐지만, 오빠가 할머니랑 살았기에 난 외동처럼 자랐다. 그런 나는 배려해야 할 대상이 없었다. 그저 아빠에게, 엄마에게 혼나지 않으려면 특별한 행동을 하지 않으면 되었고 부모님 말씀에 복종하면 되었다. 그러나 난 복종이 잘되지 않는 아이였다. 항상 나의 의견을 표출하였고 의견을 이야기하면 '악다구' 한다고 혼이 났었다.

　내가 성장하던 시대는 부모님 말씀에는 무조건 복종하는 것이 미덕인 시대였다. 그러다 보니 자연스레 사회성은 자라지 않고 어른들은 두려운 대상이 되어버렸다.

　어릴 적 나는 그저 내가 바라보기에 가장 좋은 사람인 선생님이 되고 싶다는 막연한 상상을 했다. 초등학교 교사, 그것이 내가 가진 첫 번째 꿈이며 이루지 못한 꿈이다. 난 항상 거의 혼자였다. 대부분의 여자아이들이 등하교할 때 항상 함께하는 친구가 있었지만 나는 늘 혼자 등교하고 혼자 하교를 하였다. 한 명 친한 동네 친구가 있었지만 왜 함께 등하교를 하지 않았는지는 지금 생각해도 잘 모르겠다.

　그렇게 중학교 시절을 보내다 여상에 들어가게 되었다. 성적은 전교생들 중 거의 꼴찌에서 1, 2등을 하고 있었고 대학갈 형편도 아니니 당연히 여상에 진학하게 되었다. 사실 지금 그때를 들여다보면 나조차도 그저 눈뜨면 학교 가고 마치면 집에 오고 그렇게 세월을 보냈다. 그러다 진학한 여상에서 나의 방황기가 시작되었다. 학교 동아리에 가입하면서부터 아빠와의 갈등이 생겼다.

　아빠는 토요일, 일요일에 외출하는 나를 이해하지 못하셨다.
　"왜 학생이 학교도 안 가는데 주말에 외출을 하느냐? 그리고 그런 동아리는 왜 하느냐?"라는 등 외출을 못하게 하셨지만, 재미없던 학교생활은 그 동아리로 인해 즐거웠다. 언니들과의 만남이 좋았고 그 동아리에서 무리가 생겨 함께 어울려 돌아다니는 것이 좋았다.

1학년 동아리 동기들이랑 항상 몰려다녔고 그중에서도 가장 친한 친구 2명이 생겨 거의 매일 그 친구들 집에 들러서 놀다 집에 가곤 하였다. 그러다 2학년이 되어 처음 맡아본 계급장, sing-out 부장. 옛날 사진을 들여다보면 난 항상 춤을 추고 있었다. 엄마가 음악을 틀어주면 그렇게 춤을 추었다고 하였다. 대중가요도 엄청 좋아해서 집에 있을 때는 항상 노래를 듣거나 텔레비전의 가요 TOP 10을 시청한 기억이 난다.

그렇게 처음 맡은 계급장에 나의 어깨는 뽕이 한 10겹은 들어가 있었다. 거기다 내가 바라본 작은 사회에서는 남성의 우월함이 많았다. 그래서 남자가 되고 싶었다. 어릴 적부터 남자인 나를 늘 상상했었다. 그러니 자연스레 머리는 커트머리였다. 거기다 내가 발 담근 동아리는 sing-out 부장의 파워가 막강한 모임이었다. 그러니 남자 같은 나를 과시하는 마음은 극에 달했다.

고2 중간고사가 시작된 날 아침 교실을 들어서는 나는 깜짝 놀랐다. 꽃과 초콜릿을 가지고 교실 뒷문에 후배들이 옹기종기 모여서 나를 기다리는 것이 아닌가? "언니 시험 잘 보세요! 언니 너무 좋아요!"라는 말을 남긴 채 선물들을 주고는 자신의 교실로 후다닥 뛰어가는 것이 아닌가? 이것이 누군가에게 내가 이유 없이 좋아하는 마음으로 받아본 첫 선물이었다.

그렇게 시작된 인기에 나의 어깨의 뽕은 배로 더 높아져 갔다. 후배들에게 멋지게 보이려 없는 용돈에 라면도 막 사주고 더 남자 같은 선배가 되기 위해 노력하였다. 입에는 욕을 달고 살며 걸음걸이는 더 건들거렸고 학교규칙에 어긋나는 행동만 하는…….

그때는 그것이 멋인 줄 알았다.

나에게는 고등학교 수학여행사진이 없다. 가지 않았다. 그러고는 수학여행비만 받아서 2박 3일을 친구와 열심히 놀러 다녔다. 앞머리는 스프레이로 한껏 힘을 주고 수업을 마친 후에 바로 사복으로 갈아입고는 번화가를 휘젓고 다녔다. 아마 그것도 겉멋을 부린 듯하다.

그렇게 학교를 졸업하고 취직을 해서 돈을 벌기 시작하면서 부모님께 큰소리를 치기 시작했다. 이제 내가 벌어서 내가 알아서 하니 나에게 간섭하지 말라고….

지금 생각하면 어이가 없지만, 그때는 그래도 되는 줄 아는 바보 멍청이가 나였다. 휴대전화가 없던 그 시절 후배 동생들과 밤새 통화를 하고 아빠가 혼을 내면 "내가 전화세 내면 되잖아요!"라고 또 큰소리 치고. 그렇게 돈 벌면 내가 좋을 대로 써버리고 또 벌면 써버리고 하는 삶의 반복. 그렇게 여러 가지로 간섭을 하는 부모님과 함께 사는 것이 싫어진 나는 친구 따라 집에서 나와 자취를 하기 시작하였다.

부모님이 허락하지 않으실 것을 알기에 고향인 부산이 아닌 지금의 거주지인 울산으로 올라오게 되었다, 그러니 얼마나 정신 차리지 못한 삶을 살았는가? 울산으로 와서 시작하게 된 일은 백화점 아르바이트였다. 판매라는 것은 처음 해보는 터라 잘할 리는 만무했다. 그저 자리만 지키고 시간을 때워가며 한 달을 채웠다. 그리고 아르바이트비를 받는 족족 밤이 되면 아르바이트 동기들과 어울려 놀았다. 재밌었다. 그때는 아무 생각하지 않고 그냥 버는 대로 놀고 출근하고 또 놀고를 반복했다. 지금의 남편은 열심히 놀기를 일상으로 하던 그때 백화점에서 알던 언니의 소개로 만나게 되었다.

남편도 그때는 열심히 그냥 출근하고 놀기를 반복하는 그런 삶을 살고 있었다. 그러니 만나면서도 기대가 되는 만남은 아니었다. 그리고 난 결혼을 꿈꾸긴 하였지만 하고는 싶지 않았다. 텔레비전에서 보는 아름다운 가정이 나의 주변에는 하나도 없었다. 다 힘들고 어렵고 불행한 가정사를 가진 사람들밖에 보이지 않았다. 현실에서의 이상적인 가정은 없는 듯하였다. 그렇기에 난 꿈만 꾸었다. 많은 만남과 헤어짐을 반복하였고. 내가 좋다고 결혼하자는 사람들도 있었지만, 그저 그렇게 만남을 뒤로하고 헤어지는 사람들도 있었다. 그런 사람들 중에 한 명일 줄 알았던 남편이 그런 사람들 중 마지막을 장식하였다.

3년의 연애 기간 동안 수없이 만나고 헤어지고를 반복했다. 그러나 그 사람은 늘 변함없이 나를 찾아왔었다. 그 점이 가장 이해할 수는 없었다. 지금에 와 생각해보면 그랬기에 결혼을 할 수 있지 않았나 싶다. 우린 둘 다 빈 껍데기였다. 내가 항상 우리 남편에게 하는 말이 있었다. "내가 만난 남자 중에서 자기가 제일 나에게 못하는데 어떻게 나랑 결혼을 하게 되었을까? 참 희한하제." 정말 그랬다.

나와 만나 사람은 대부분 매너가 좋았다. 비빔밥을 먹으면 다 비

벼서 먹을 수 있게 만들어주고 난 그저 먹기만 하고, 돈가스를 먹으면 다 잘라서 주면 난 그저 먹기만 하였다. 지금의 남편은 자신의 것만 열심히 먹을 뿐 내 것에는 관심이 없었다. ‘아니 어떻게 이런 남자가 있지? 왜 내 것을 안 챙겨주지? 왜 그럴까?’ 라는 의문이 계속 들었지만 그러고도 계속 만난 것을 보면 나도 아마 남편을 상당히 좋아하지 않았나 하는 생각을 해본다. 정말 인연은 하늘이 정하는 것인가 보다. 이렇게 지금의 남편과 등 떠밀려서 가정을 꾸리게 되었고 하하 하남매를 두게 되었다. 이런 내가 세 아이의 엄마라니…. 엄마에 대한 좋은 추억이라고는 하나도 없는 내가 엄마가 되었다. 어찌 되었을까? 물론 예상한 대로 엉망이었다.

내가 가장 싫어했던 아빠의 모습을 아이들을 대할 때 나에게서 문득문득 보게 되었다. 너무 싫었다. 아빠와 닮은 나 자신과 마주했을 때 엄마를 포기하고 싶었다. 내가 가진 사랑이 없기에 내 아이에게도 나누어 줄 사랑이 없었던 것이었다. 아이를 낳았다고 다 엄마가 되는 것은 아니란 것을 첫 아이가 울면서 칭얼댈 때 느낄 수 있었다.

아~ 내가 아이에게 줄 수 있는 것이 없구나! 라는 것을….

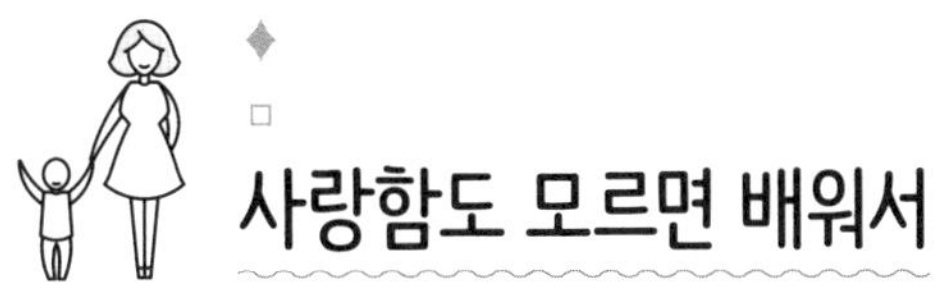 

사랑함도 모르면 배워서

자존감이 낮은 나는 지적받는 것을 아주 싫어한다. 그것이 나를 위하는 것임을 알지도 못한 채 난 매일 매일을 고슴도치처럼 내 몸에 가시를 세워서 살았다. 우리 아이들과 남편은 그 가시에 찔려 얼마나 아플까? 라는 생각을 그때는 하지 못했다. 난 내 가시에만 집중했기에 상대가 피 흘리는 것을 인지하지 못하는 바보였다.

날씨가 좋던 어느 날, 오랜만에 없는 옷들 중 그래도 색이 선명한 빨간색 티셔츠를 입고, 드라이도 하고 고대기로 웨이브를 넣어 마무리를 하고서는 눈매를 선명히 해줄 마스카라도 올리고 립스틱도 옷 색과 맞추어 레드를 바르고 외출하였다. 그런데 모임에 함께 참석한 어느 엄마가 나에게 이렇게 이야기하는 것이 아닌가? "쥐 잡아먹었나? 입술이 와이리 뻘것노." 라고 말이다. 순간 나의 얼굴은 홍당무처럼 변하고 말았다. 자존심에 스크래치가 생긴 것이다. 난 정말 예쁘다고 꾸미고 간 것이 너무 오랜만에 치장을 하다 보니 과해진 것. 알지만 이야기를 듣는 것은 또 달랐다.

난 너무 몰랐었다. 그 당시 나의 현재 상태를.

세 아이의 엄마이고 결혼 전과는 완전히 다른 삶을 살면서도 생각은 엄마가 아닌 아직 미스에 머물러 있었던 듯하다. 그저 나 자신만 생각하고 나 좋을 대로만 하면 되는 이기적인 모습을 그대로 가지고 있었던 것이다. 그러니 아이들에게도, 남편에게도, 나에게도 좋은 것을 주고 있지 않았고 그것이 무엇인지조차도 알지 못한 나였다. 그런 나의 무지를 부끄럽지만 인정할 수밖에 없었다.

그래서 시작된 배움. 누군가에게 배운다는 것이 익숙지 않은 나는 홀로 배우는 방법으로 독서를 선택하였다. 평가가 두려웠기에 누군가와 소통도 하지 않았다. 그저 책을 보고 아이에게 적용해보고 그러다 화가 나면 화도 내고 짜증이 나면 짜증도 냈다. 그러니 아이들은 엄마에게 혼이 나기 일쑤였다. 무엇이 그렇게 나 자신을 초라하게 느껴지게 하는 것일까?

뱃속에 셋째가 들어서면서 큰아이를 어린이집에 보내게 되었다. 당시 4살이던 우리 아들은 아직도 외출하면 아빠 무릎에서 떠나지 않는 그런 소심함과 겁이 많은 아이였다. 그런 성향의 아이를 무턱대고 어린이집을 보내니 얼마나 힘이 들었을까? 지금은 후회되지만, 무지했던 그때는 알지 못했다. 매일 아침 가기 싫다고 울고 떼쓰는 아들을 "껌 사러 가자. 사탕 사러 가자."라고 설득해 가게에 가서 껌 하나 사주고 보내고, 사탕 하나 사주고 보내고를 반복하면서 일주일을 보냈다. 그랬더니 입안에 온통 구내염이 생겨서는 아파서 먹지도 못하고 자지도 않고 칭얼대는 것이 아닌가? 그런 아이에게 엄마인 나는 화를 내면서 그만 짜증내고 자라고 마구 때리기도 하였다. 지금 다시 생각해도 나의 무지함과 무식함에 치가 떨린다. 그러나 가장 안타까운 것은 그때 나는 정말 그것을 알지 못하였다.

그렇게 힘들어하고 아파하기를 5일 만에 아들의 입안 염증이 다 가라앉고 좋아졌다. 그러고는 세상에 "뭐 먹고 싶어?"라는 말에 "자장면"이라 대답하는 아이와 함께 중국집에 가서 자장면을 시켰다. 4살 된 아이가 자장면 보통 한 그릇을 다 먹어내는데 남편과 나는 깜짝 놀랐다. 얼마나 배고프고 먹고 싶었으면 한 그릇을 뚝딱 하는지. 어린아이가 5일을 먹지도 못하고 아팠으니 얼마나 힘이 들었을까? 난 왜 그 마음을 알아주지 못했을까? 마음을 이해받아 보지 못하고 사랑받지 못해 그랬을까?

아이들이 어릴 때에는 다양한 일들이 많이 발생한다. 하루는 밤에 자다가 갑자기 아이가 놀라서 깨더니 막 울고 뒤로 넘어가는 것이 아닌가? 너무 놀란 남편과 나는 새벽인데도 불구하고 가까이 사시는 시댁 어른들에게 전화해서 도움을 요청하였다. 그러자 시어머니를 비롯한 시댁어른들이 비몽사몽에 달려오셨다. 하지만 뾰족한 수는 없었다. 어찌할 바를 모른 채 자지러지게 우는 아이를 달래보지만 아이는 쉽게 진정이 되질 않았다. 그때 남편이 "우리 자동차 운전하러 갈까?"라는 말에 울던 아이가 아빠를 올려다보는 것이 아닌가? 그랬다. 하군은 울던 울음을 그칠 만큼 자동차를 엄청 좋아하였다.

그렇게 울던 아이가 울음을 그치고 나와 남편 그리고 아들은 자동차를 타고 동네 공터에 가서 운전을 했다. 아빠 앞에서 핸들을 잡고 진짜 자동차를 운전하니 아이는 그저 웃음꽃이 만발이었다. 어찌나 감사하던지… 이렇게 새벽을 깨운 아들의 울음소리가 진정되고서야 어른들께 맡겨둔 아이에게로 돌아갈 수 있었다.

그러나 여기서 끝이 아니다. 다음날부터 밤이 되어 자려고 불을 끄기만 하면 하군이 우는 것이다. 무엇이 이 아이를 이토록 무섭게 하였는지 불을 끄고 잠을 자지 못하는 것이 아닌가? 원래 우리 모두가 자던 안방으로 들어가지도 못하게 하고 거실에서 불을 키고 계속 노는 것이다. 어린 동생은 잠이 와서 울고불고 하군은 잠을 자지 않겠다고 울고불고 그러다 겨우 잠이 들면 자다가 놀라서 또 일어나 울고…. 그때 남편의 직장은 주야로 교대 근무를 하고 있었다. 주간일 때는 함께 육아에 동참을 하니 하군을 아빠가 데리고 자고 달래고가 되었는데 야간일 때는 정말 독박육아였다.

셋째는 아직 뱃속에 있어 울지는 않았지만, 몸이 무거운 상황에서 두 아이가 함께 울면 이건 어떻게 할 수가 없었다. 그럴 때 남편에게 전화하면 남편이 야간에 밥 먹는 시간을 이용해서 집으로 왔다. 와서는 아이를 달래놓고 겨우 진정이 되면 회사로 돌아가서 일하고 아침에 퇴근해서 집으로 돌아왔다. 몇 달을 그렇게 힘들게 하던 하군이 시간이 흘러가니 점점 횟수와 간격이 줄어들었다.

그때 난 남편을 바라보게 되었다. 어찌 저렇게 할 수 있을까? 남편은 짜증도 내지 않았다. 그저 전화하면 달려와 나와 아이를 달래주고 돌아가 열심히 일하고 퇴근하고 오면 나와 아이의 짜증을 받아주고 달래주고 아이도 재워주고 씻겨주고 그러는 것이었다. '아~ 사랑함이 이런 거구나!' 하는 것을 남편을 통해서 배웠다. 그저 열심히 곁에 있어 주고 대가를 바라지 않는 사랑. 자신을 보기 전에 상대를 보는 것. '이것이 사랑이구나.'라는 것을….

사랑도 배워야 하는구나! 사랑도 받아봐야 하는 거구나! 난 지금도 참사랑이 부족한 사람이다. 어찌 이리도 사랑이 부족한지. 넘쳐흘러 다른 곳으로 흘려보내야 하는데 흘려보낼 사랑이 없다. 그런 나도 그 때 깨닫고 알게 되었다.

남편의 사랑이 우리 가정을 이루게 만들었고, 남편의 사랑으로 아이들이 태어났고, 남편의 사랑으로 내가 그래도 엄마가 되어있다는 것을 알게 되었다. 그렇게 모르면 배우면서, 부족하면 채우면서 나는 조금씩 성장하고 있었다. 엄마로서, 아내로서, 나 김정희로서.

이제는 그 하하하남매가 중3, 중1, 초6이다. 긍정적인 아이로 잘 자라고 있다. 무언가 특출 난 분야가 있거나 두드러지게 공부를 잘하거나 그렇지는 않다. 그냥 평범하게 아침에 눈 뜨면 챙겨서 학교 가고 학교가 마치면 별일 없이 집으로 귀가한다. 집에 오면 할 일들을 조금씩 하다가 여느 아이들과 마찬가지로 핸드폰과 친밀한 교제의 시간을 가지고 배가 고프면 야식을 먹자고 조르기도 하는 평범한 아이들로 생활하고 있다.

무서움이 많았던 하군은 어느덧 남자가 다되어 깜깜한 밤에 심부름도 잘한다. 일명 요즘 아이들이 이야기하는 츤데레 스타일이다. 하딸은 딸이지만 운동을 잘하고 좋아한다. 여느 또래 아이들처럼 아이돌에 관심이 많아 이름과 소속사를 줄줄이 꿰고 있으며 막내하딸은 사춘기가 접어들어 하루 종일 거울을 보며 머리를 묶었다가 풀었다가, 고데기로 꼬았다가 풀었다가, 옷은 치마를 입었다가 벗었다가 등등 외모에 온통 관심이 가 있다.

사랑스런 우리 하하하남매를 사랑하는 법을 모르는 엄마는 남편을 통해, 아이를 통해 배워가면서 이제야 엄마가 되어가고 있는 중이다. 가끔은 아이들을 통해 배우는 것이 더 많다.

얼마 전 가족이 함께 찬양팀 세션을 꾸려 연주할 기회가 있었다. 그때 베이스기타를 치는 하군과 드럼을 치는 하딸에게 연습을 하지 않는다고 아빠가 꾸중을 좀 하였다. 그 모습을 보는 나는 싫었다. 꼭 나에게 지적하는 듯하고 꾸중을 하는 것 같았다. 그래서 한마디 하였다. "왜 아이들을 자꾸 혼내느냐? 연습을 잘할 수 있도록 칭찬해주고 사기를 북돋아 줘야지?" 라며 내가 더 큰소리를 내었다.

하지만 하군의 생각은 달랐다. "이런 이야기를 들어야 연습을 한다. 사랑해서 나오는 이야기이다. 이런 말 들어도 기분이 나쁘지 않다"는 것 아닌가? 난 뭔가? 난 기분이 나빴다. 아이들에게 지적하고 혼내는 것이 몹시 기분 나빴다. 그리고 그렇게 이야기하는 하군도 얄미웠다. 난 아직 부족함이 많은 엄마이다.

하군에게도 배워야 한다. 상대의 말에 어떤 의미와 감정이 담겨 있는지를 파악해야 한다. 그리고 그 의미대로 받아들여야 한다. 나는 아직도 어린애와 같은 마음 밭을 가지고 있어 조금만 나에게 지적을 하여도 발끈한다. 이러니 내가 엄마로 서있는 것은 기적이 아닐 수 없다. 이런 나를 엄마로 인정해 주는 아이들이 고맙지 않을 수 없다. 난 오늘도 너희들에게서 배운다.

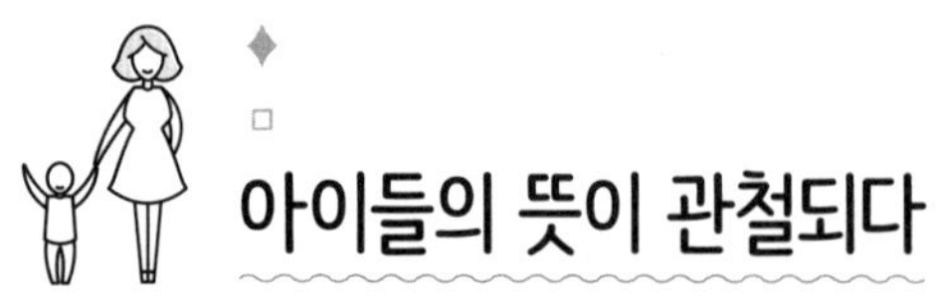

아이들의 뜻이 관철되다

　세일즈에서 가장 핵심은 상대의 니즈(Needs)를 파악하는 것이다. 상대가 무엇을 필요로 하는지, 왜 필요로 하는지, 필요한 것을 마련할 자금은 있는지, 자금의 출처는 어디인지 등등. 그 니즈 파악이 제대로 되면 거래는 성사가 된다. 아이들과의 관계에 있어서도 나의 니즈와 아이의 니즈를 제대로 파악한다면 서로가 만족하는 협상이 가능할 것이다. 하지만 난 나의 니즈도 아이의 니즈도 파악하지 못한 채 그냥 명령만 내릴 뿐이었다.

　아침이 되면 "얘야 일어나라 씻어야지!" "밥 먹어야지!" "어린이집 가야지!" "학교 가야지!"

　학교에서 돌아오면 "할 일 해야지!" "지금 해라!" "밥 먹어라!" "학습지 해라!" "학원가라!"

　내가 하는 모든 말은 그저 아이를 따라다니며 로봇에게 명령을 내리듯 지시하는 것이었다. 참 나도 바보이다. 아이도 하나의 인격체이고 생각이란 것을 하는데 아이를 대하는 것을 로봇 대하듯 대했던 내 모습에 지금도 한심한 웃음이 나온다.

아이들은 왜 이야기하지 않았을까? 아님 이야기해도 내가 못 알아들은 것일까? 결론은 난 알지 못하였다.

난 사람들과의 시간 약속을 중요하게 여기는 사람이다. 물론 나도 늦을 때가 있다. 그럼 항상 연락을 하고 미안함을 표시하는 등 내가 취할 수 있는 모든 액션을 다 취한다. 그래야 내 마음이 편하기 때문이다. 그런 내가 아이를 교육할 때도 시간을 중요하게 여긴다. 하지만 아이는 어떠한가? 나와 다르다. 아직 어리기에 대처능력도 떨어진다.

하군이 초등학교 3학년 때, 바둑에는 복기가 있어서 뇌 발달에 좋다는 정보를 접하게 되어 바둑학원을 보내게 됐다. 당시 나의 교육 철학 중 하나는 '학원은 멀리까지 갈 필요가 없다. 분명 가르치는 것은 비슷비슷할 것'이었기에 가까운 곳으로 등록했고 대부분 걸어 다녔는데 유독 바둑학원만 동네에 없어서 멀리 다니게 되었다. 그런데 여기서 숨은 복병이 있었다. 우리 아들은 시간을 잘 맞추질 못한다. 남자이기도 하고 성향도 꼼꼼하지 못하기에 시간 관리를 못 하는 대표적인 아이였다. 이런 아이가 학교를 마치고 친구들과 놀다가 학원에서 마중 나오는 차를 타야 하는 것은 시험에서 한 문제도 안 틀리는 것만큼이나 어려운 일이었을 것이다.

그런 아이에게 난 "왜 시간을 못 맞추느냐? 혹시 못 맞추면 선생님께 전화를 드려서 여차여차해서 늦어서 죄송하다고 말씀을 드리고 차후 어떻게 할 것이라고 이야기를 드려야 하는 것은 아니냐."라며 아이를 다그쳤다. 그러나 초등학교 3학년이 듣고 행하기에는 얼마나 어려웠겠는가? 지금 성인이 되어서도 이러한 일들을 알아서 하지 못하는 사람도 많을 텐데. 이런 엄마 슬하에 자라는 하군은 정말 힘이 들었을 것이다.

엄마가 좀 해결해주면 좋을 텐데 라는 마음이 들었을 것이다. 그러나 어렸던 큰아들은 그런 마음을 내색하지 않았다. 그러던 하군이 중학생이 되더니 달라졌다. 자신의 생각과 의사를 정확하게 밝히고 좀 부당하다 싶으면 엄마와 토론도 하면서 자신의 생각과 신념을 세워나가기 시작하였다.

그 당시 우리 집은 저녁 10시만 되면 핸드폰을 핸드폰 함에 두고 잠을 자야 하는 규칙이 있었다. 그런데 중학교 입학을 하고 1달쯤 지났을까 하군이 "엄마 이야기 좀 해요." 하면서 안방 침대 앞에 의자를 당겨 앉는 것이 아닌가? 당시 살짝 당황했지만, 대화를 시작하였다. 아들의 요지는 이러하였다. 핸드폰을 밤에 제출하고 자니까 친구들과의 대화가 되질 않아서 학교생활이 좋지 못하니 핸드폰을 자신이 가지고 잘 수 있게 해 달라는 것이었다.

난 물었다. "친구들과 자기 전에 대화하고 자면 되지 않느냐? 꼭 밤 늦게까지 성장기의 청소년들이 이야기를 하고 자면 다음 날 학교생활에도 문제가 생기고 성장에도 지장이 있으니 지금처럼 밤에는 제출하고 자라."고 하였다. 그러나 그렇게 되지 않는 이유를 아들이 쭉 이야기하는 것이다.

여기서 잠깐, 현재 우리 집 하하하남매들은 평일에 학원을 다니지 않는다. 그러니 학교를 마치고 집에 와서 저녁 먹고 자신이 하고 싶은 것 아니면 꼭 해야 하는 일들만 마무리 지으면 자유롭게 생활을 한다.

그러나 중학생 대부분의 아이들은 학교를 마치면 바로 학원으로 가든지 집으로 가서 밥을 먹고 학원으로 간다. 그리고 보통 학원을 마치고 집에 돌아오면 밤 9시에서 10시쯤이 된다고 한다. 그렇게 밤 10시가 넘어야 아이들은 단체 톡방에 들어가서 수다를 떠는 것이다.

그때 하군은 휴대폰을 제출한 상태에 잠을 자니 밤새 한 대화의 내용을 알지 못한 채 학교에 간다. 그러니 아이들과의 대화에 참여하지 못하는 것이다. 이러한 문제를 제기하며 휴대폰을 자신의 방으로 분가해가기를 원했다.

참 안 된다 할 수도 없고, 된다 할 수도 없는 현실. 하군은 학교 가는 이유가 공부 때문도 있지만, 친구들과 놀려고 간다고 이야기하는 아이인데 친구들과의 대화에 문제가 생긴다고 하니 정말 고민이 되었다. 그러면서 자신이 휴대폰을 분가해가도 되는 이유를 조목조목 대는 2시간가량의 긴 토론 끝에 밤 12시 이후에는 하지 않는 것과 혹시라도 하게 되면 다시 제출하는 것으로 협상은 끝이 났고 그날부터 휴대폰을 자신의 방으로 들고 간다.

대단하다. 자신의 뜻을 관철시키기 위해 그렇게 긴 토론을 한다는 것이 대견스럽기도 하고 한편으로는 '벌써 덤비나?' 하는 마음에 씁쓸하기도 했던 것 같다. 그렇게 우리 집의 규칙이 하나 더 생겼다.

중1이 되면 휴대폰을 가져갈 수 있는 권한이 생기는 것. 하딸은 중1

이 되기도 전 6학년 겨울방학 때 휴대폰을 분가해 갔다. 1월이 되었어도 아직 6학년이었지만 졸업을 앞두고 있었기에 허락하였다. 막내하 딸은 6학년 여름방학에 휴대폰을 분가해 갔다. 이렇게 한 명의 헌신(?)으로 동생들은 편히 나아갈 수 있었다.

또 한 가지 생각나는 것이 있는데 아이들의 생각이 조금씩 자라면서 돈에 대한 생각들도 자라게 되었다. 학교 앞 분식점에서 매일 같이 간식을 사 먹으면서 집으로 오는 것이었다. 그 간식 중 주류가 떡볶이였다. 금액은 500원짜리도 있고 1,000원짜리도 있었는데 "집에서 떡볶이를 만들어 먹으면 양이 훨씬 더 많은데 왜 사 먹어." 라고 물었더니 "그래?" 라고 대답하는 것이 아닌가? 그러면서 간단하게 떡볶이 레시피를 알려주었다. 막내가 4학년이었는데 이미 계란 프라이 정도는 본인이 혼자 해먹을 수 있는 경지에 이르러 있었기에 물에 떡과 물엿을 풀고 떡 넣고 어묵 넣고 간단하게 조리 가능한 떡볶이 정도는 껌이었다.

그렇게 열심히 떡볶이를 스스로 만들어 먹다가 하루는 친구들을 집으로 데리고 와서 떡볶이를 만들어 주었더니 친구들이 다 놀랐다고 했다. "너 떡볶이도 만들어 먹을 수 있어?", "어떻게 해?", "우리 엄마는 못하게 하는데 너희 엄마는 허락했어?", "우와 멋지다."라고 말이다.

아이들 눈에는 그럴 수도 있겠구나! 라는 생각이 들었다. 워낙 요즘에는 아이들을 귀히 대하는 경우들이 많아서일까?

"너는 공부만 열심히 해. 다른 건 엄마가 다 해줄게." 하는 마인드의 엄마가 많아서일까? 하하하남매의 엄마인 나는 공부보다도 다른 것에 관심이 많다.

아이들이 알아서 만들어 먹고 장도 혼자서 보고 자신이 하고 싶은 영역도 혼자 찾고 좀 어색한 환경들 속에서도 버텨내는 힘이 중요하니 불편해도 견뎌보라고 세탁기도 당번을 정해서 돌리고 등등 다른 잡다한 것을 더 많이 시킨다.

지금 중3인 하군도 중1인 하딸도 자신의 교복은 자신이 알아서 세탁기에 돌려서 널고 챙겨 입고 간다. '난 너무 불량한 엄마인가? 아이들은 다 해주길 바랄까? 이렇게 자신들에게 맡기는 엄마를 어떻게 생각할까?' 라는 질문이 들 때도 있고 물어보기도 하였지만, 그때마다 아이들은 괜찮다고 한다. '정말 괜찮은 것이겠지! 말만 그렇게 하는 것은 아니겠지.'라는 마음이 들기도 하지만 굳이 파헤치지는 않는다.

아이들이 잘 크고 있다고 믿기 때문에.

아이들이 원하는 것은 무엇일까? 친절하게 모든 것을 맞춰주는 것을 원할까? 아니면 자신들이 좀 불편하더라도 혼자 헤쳐 나가길 원할까? 다 알 수는 없다. 단지 미루어 짐작해 볼 때 싫어하지는 않는다는 것만 알 뿐이다. 그렇다. 각자의 욕구와 요구사항은 다 다를 수 있다. 하지만 감사한 것은 부당한 것을 이야기하고 힘들고 어려운 일은 감내하는 힘이 있다는 것이다.

본인들의 생각을 이야기할 수 있는 문화, 엄마의 요구가 부당할 때 의견을 제시할 수 있는 문화, 아이들의 요구가 있으면 들어주는 문화,

이것이 우리 집에는 존재하는 것이다. 아이들의 요구사항들을 듣고, 이해시키고, 설득시키고, 때로는 설득을 당할 때도 있다.

어떠하랴. 이 과정이 다 소중한 것인데. 이렇게 아이들은 자라며 자신의 생각과 뜻도 펼쳐보는 것이다. 아이들이 참 예쁘다.

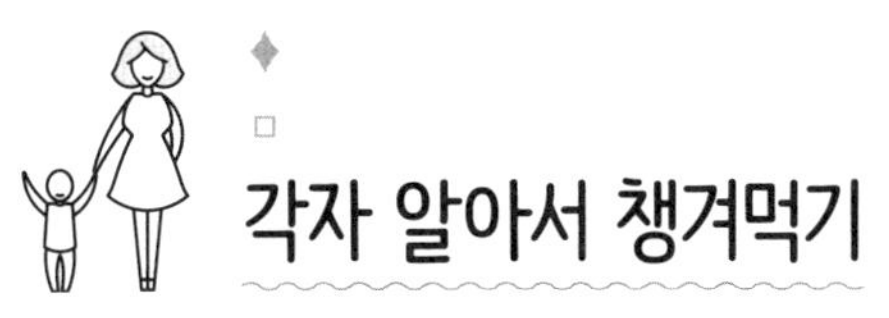

각자 알아서 챙겨먹기

밥은 함께 먹어야 맛있다. 혼자는 좀 외롭다. 하지만 난 또 그렇지만도 않다. 밥을 먹는 목적에 따라 다르다고 생각한다. 항상 누구와 함께하기란 이 바쁜 사회에 어려운 것이 사실이다. 하지만 함께해야 함을 잊어버려서는 안 될 것이다. 사람은 혼자 살아갈 수 없고 혼자 모든 것을 감당할 수는 없다. 하지만 또 혼자 감당해야 할 때도 있다. 삶이란 답이 정해있지 않기 때문이다.

나는 집에 혼자 있는 것을 좋아한다. 혼자 식탁에 앉아 책도 보고 여러 가지 작업도 하고 그러다 배고프면 밥 먹고, 간식 먹고 또 그러다 영화도 보고, 청소도 하고, 빨래도 하고, 설거지도 하고 이렇게 혼자 있는 시간을 즐겨서일까? 우리 하하하남매도 외출이 많지는 않다.

해가 지면 집에 들어오고 주말에도 친구들과 약속이 있으면 나가고 없으면 집에서 자유롭게 시간을 보낸다. 하군은 남자라 그런지 게임을 주로 하고 영화 보는 것도 좋아한다. 컴퓨터에서 다운을 받아서 핸드폰에 저장해놓고 시간이 되면 수시로 영화를 본다. 그리고 기타도 가끔 친다. 하딸은 요즘 화장품에 관심이 엄청 많다. 브랜드별 화장품 아이템별로 좋은 것이 무엇인지를 줄줄 외운다. 나로서는 신기하지 않을 수 없다. 핸드폰으로 소설이나 웹툰을 즐겨보고 또 책도 좀 읽는다. 그러다 배고프면 밥 챙겨 먹고. 막내하딸은 둘과는 성향이 조금 다르다. 손으로 하는 무엇인가를 아주 즐긴다. 액체괴물, 일명 액괴를 즐겨 만들고 영상을 찍어서 편집해서 유튜브에 올리기도 한다. 나는 이런 활동하는 것에 대해 아주 긍정적이다.

그 외에도 배우지 않은 악기도 유튜브를 보면서 연주해 보기도 하고 요리를 할 때도 간단하게 있던 것을 먹는 게 아니라 그럴듯하게 만들어 먹는다. 떡볶이를 만들거나 다른 요리를 하거나 무엇이든 해서 먹는다. 위에 두 언니 오빠는 그냥 있는 것을 챙겨 먹는 경우가 많다. 명절이 끝나고 떡국 떡이 많이 남아 집에 가져와서 내가 프라이팬에 기름을 두르고 떡을 구워줬더니 맛있다고 잘 먹었다. 그러고는 매일 자신이 구워 먹는 것이 아닌가? 엄마에게 해달라고도 하지 않는다. 자신이 해서 먹는다. 시작은 어릴 때부터 하고 싶어 하는 것을 하게 놔두었던 것에서 출발되었다.

저녁 반찬으로 오이 스틱을 만들어 쌈장에 찍어 먹는 날이면 아이들에게 빵 칼을 주어 자르게 했다. 그럼 그날은 자신이 자른 오이 스틱을 맛있게 먹는 아이들을 볼 수 있었다. 또 양념꼬막은 원래 손이 많이 가는데 삶은 꼬막과 양념간장을 주면 아이들이 꼬막에 양념 올리는 것을 다 했다. 그렇게 접시에 담기도 하고 먹기도 하면서 저녁을 차린다. 그러면 완성된 꼬막은 순식간에 사라진다. 아이들이 꼬막요리는 자신이 한 것이라고 아빠에게 자랑도 하고 아빠의 칭찬을 들어 기분은 또 배로 좋아지는 것이다.

난 이렇게 함께하고 싶었다. 아이들이기에 배제하는 것이 아니라 함께하고 혹은 혼자 있고 싶으면 따로 하며 이 모든 것이 자유롭게 진행되길 바라는 마음이 많았다. 한 3년 전쯤의 일이었다. 분주히 사는 내가 매일 저녁을 장을 봐서 밥을 한다는 것이 버거울 때가 있었다. 그때 멋진 아이디어가 떠올랐다. 물론 아이들은 싫어할 수도 있었겠지만, 그때는 좋다는 동의를 얻어 시작하였다.

일주일에 한 번씩 자신들이 장을 봐서 밥을 하는 것이다. 집에는 생활비 카드가 비치되어 있었고 그 카드로 마트에 가서 자신이 오늘 만들 반찬을 정하고 장을 봐와서 밥을 차리는 것이다. 막내하딸이 4학년 때쯤이니 좀 버거웠을 수도 있었겠다 싶은 마음이 지금은 들지만, 그때는 내가 너무 바빠서 그 생각까지는 못했다. 그런데 예상보다 아이들이 너무 즐거워하는 것이 아닌가? 자신이 주도적으로 메뉴를 정하고 장을 볼 때 그 소비심리가 해소되는 듯하였다. 아이들도 돈을 좋아한다. 돈을 쓰고 싶어 한다. 하지만 용돈은 액수가 적기에 그 소비를 많이 경험할 수 없다. 그러니 장을 보면서 자신이 먹고 싶은 것을 사고 디저트까지도 준비해 올 때 소비의 주체자가 된다. 이것이 이아이들에게 소비의 만족감을 가져다주게 되었다.

우리 막내하딸이 된장찌개를 끓여서 저녁을 차릴 때는 정말 대견했다. 도전해본다는 것만으로도 칭찬받아 마땅한 것이다. 그렇게 차려진 밥상을 받으면 엄마 아빠는 연신 '맛있다' 와 '진짜 요리 잘한다.'는 칭찬이 막 넘쳐난다. 그럼 아이는 본인의 수고는 잊어버리고 입이 귓가에 걸린다.

　이렇다 보니 저녁을 준비할 때 생각지도 못한 상황이 연출될 때도 있다. 우리 하군은 엄마가 여태껏 돈가스는 식육점에서 사가지고 와서 그냥 구워만 줬더니 자신도 그렇게 돈가스를 하고자 식육점에 가서 이렇게 이야기한 것이다. "돈가스 고기 주세요~." 그랬더니 그분께서 돈가스용 고기를 주신 것이다. 물론 엄마의 심부름이라 생각하셔서 그냥 고기를 주셨을 것이다. 그것을 들고 집으로 온 아들은 "엄마, 오늘 돈가스 하려고 하는데 그냥 구우면 되죠?" 라고 말했다.

　그 모습을 본 나는 너~무 어이가 없었다. 아무리 돈가스를 구워주는 것만 먹었다 하여도 어떻게 고기만 사 들고 왔을까 하는 생각에 순간 당황하였지만 그래도 어찌하겠는가. 다 배워가는 과정이니 설명을 하기 전에 돈가스는 어떻게 만드는 것인지 인터넷에서 검색을 해보라 하였다.

　검색해 본 아이는 무언가 어색한 표정을 지으면 그럼 "엄마 빵가루가 집에 있나요?", "계란 있나요?", "밀가루 있나요?" 물어보는 것이다. "한번 찾아봐. 밥하는 사람이 찾아보고 해결해야지."라고 했더니 열심히 냉장고와 싱크대를 찾아보는 것이 아닌가? 빵가루는 없기에 냉동에 있는 식빵을 찢어서 사용하고 밀가루 대신 부침가루를 사용하고 계란을 꺼내 놓았다. 돈가스용 고기에는 얼마 전 놀러 가서 쓰고 남은 허브솔트를 사용하여 조금 밑간을 해주었고 밀가루를 묻히고 계란을 묻히고 빵가루를 묻히고 이렇게 반복하여 사온 양의 고기를 다 만들어 두었다. 이제는 튀길 차례, 하군 혼자 튀기는 요리는 처음 하기에 엄마의 특별 코치가 들어갔다.

　그런데 기름이 튀지 않도록 조심하라고 하였더니 하군 왈 "엄마 나

불량엄마의 선택적 교육관

만의 스킬이 있어요!" 군만두를 좋아하는 하군은 군만두를 굽다가 기름이 자꾸 튀니까 나름의 방법을 고안해 놓은 것이다. "엄마 기름이 튀니까 이렇게 고무장갑을 끼고 튀기면 괜찮아요!" 라고 하는 말에 나는 웃음이 터졌다. "아이고 살림을 10년 넘게 해 온 엄마보다 낫네."

고무장갑을 끼고 기름의 양은 얼마나 넣는지, 불 조절은 어떻게 해야 하는지 그리고 색이 어느 정도 되었을 때 고기를 건져야 하는지 숙련된 조교인 엄마가 시범을 보이고 아들이 하는 것을 지켜보았다. 그러고 첫 작품을 먼저 시식하는데 세상에 맛있는 것이 아닌가? 정말 감동이었다.

엄마도 번거롭고 일이 많아서 집에서 만들지 않고 사다가 구워주는데 하군의 짧은 생각이 도전하게 하였고 훌륭한 결과물을 만들어 낸 것이 아닌가? 그렇게 우리 가족은 식탁에서 하군이 만든 돈가스를 먹으며 돈가스가 탄생하게 된 이야기를 주제로 행복한 미소를 지었다.

이 사건을 보면서 나는 아주 큰 것을 깨달았다. 너무 잘 아는 것이 도전에 걸림돌이 될 수도 있겠구나! 이 아이가 그 과정을 다 알았다면 이 돈가스를 우리가 먹을 수 있었겠는가? 적당히 알았기에 도전하게 되었고 도전했기에 경험이 되고 그 과정을 열심히 하였기에 좋은 결과물이 나온 것이다. 이렇게 엄마인 나는 아이들에게 또 배워간다.

하딸의 기억나는 대표적인 밥상은 소고기 양송이구이였다. 세상에 이것도 내가 한 번도 해주지 않은 요리. 장을 다 봐온 하딸이 이미 요리를 하고 굽고 있는 중에 내가 집으로 들어갔다. 다진 소고기를 양념해서 양송이 기둥을 떼고 그 안에 소고기를 넣어서 프라이팬에 구워내는 고난이도의 요리를 하고 있었다. 그리고 간장 올린 연두부에 디저트는 은행구이다. 난 은행을 사다 구워준 적이 한 번도 없다. 그런 것은 밖에 나가야만 먹는 것인 줄 알았던 엄마를 넘어 둘째가 만들어 밥상을 차린 것이 아닌가? 그날도 엄마와 아빠는 입을 다물 수가 없었다. 이 아이들의 이러한 도전이 너무 신기하기도 하고 기특하기도 하고 감사하였다. 대견함이 밀려왔다. 학교에서 상장을 받아오는 것도 너무 기분이 좋은 것이지만 난 집에서 이렇게 자신이 맡은 일을 거뜬히 해내는 이 아이들의 모습이 더 아름답다고 생각한다.

물론 그렇게 한 6개월 정도 하다가 아이들이 저녁에 조금씩 바빠지면서 다시 엄마가 저녁을 식사를 준비하게 되었지만, 우리 아이들의 그 값진 경험이 지금도 자신이 먹는 밥 정도는 자신들이 알아서 챙겨 먹을 수 있게 만들었다.

여기서 더 감사한 것은 이러한 우리 가족만의 규칙을 정할 때 자신들이 생각하고 결정을 내린 것에 열심히 동참해준다는 것이다.

이것이 내가 진정 감사한 부분이다.

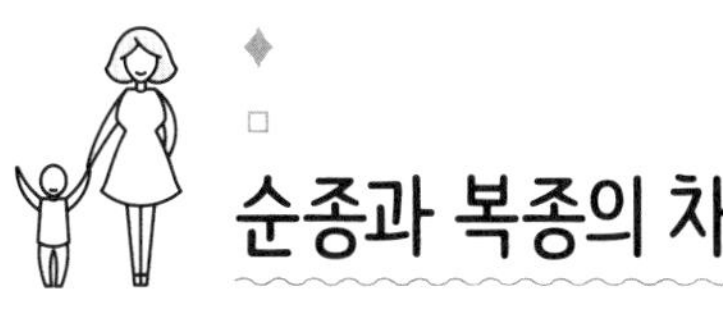

순종과 복종의 차이

남자들은 군대에 갔다 와야 사람 된다는 말들을 많이 한다. 군대에서는 명령과 복종만 존재한다. '명령불복종은 영창감이다.'라는 말이 있을 정도이니 그래서일까? 우리나라는 사회생활을 하는 직장에서도 상사의 말에 복종해야 함이 당연한 사회구조를 가지고 있다. 가정에서도 이것은 마찬가지다. 그런 사회생활과 가정에서 자란 엄마와 아빠가 가정을 이루었으니 당연히 어쩔 수 없는 현실이기도 하다. 그럼 여기서 잠깐 순종과 복종에는 어떠한 차이가 있을까?

난 우리 하하하남매를 순종하는 아이로 키우고 싶고 그렇게 자라게 하려고 노력하는 편이다. 내가 생각하는 순종은 자신의 생각과 다를지라도 부모님이기에 그 말씀에 순응하는 것이고 복종은 아예 생각이란 것을 할 필요도 없이 내게 떨어지는 명령에 순응하는 것이다.

여기서 볼 때 우리나라는 순종보다는 복종을 강요하는 문화권에 있다고 보면 된다. 우리는 아이들이 쓸데없는 생각을 하는 것을 싫어하기 때문이다. 부모들이 제일 많이 하는 말, '쓸데없는 말 하지 말고

들어가 공부나 해.'

'생각하는 것이 공부다!'라는 개념이 아직 없는 것이다. 그저 수학 문제집을 많이 풀고 영어단어를 몇천 개씩 암기하는 것이 공부다! 라고 생각한다. 그러니 정말 놀아야 할 시기인 청소년 시기에 아이들을 숨이 막힐 정도로 학원에 보내는 것이다.

그저 배움은 머릿속에 많은 지식을 넣는 것으로만 인식하기 때문이다. 하지만 현 사회가 요구하는 인재상들은 그렇지 않다. 지식은 사람 머리보다 컴퓨터에 더 많이 있기에 그 정보와 지식을 누가 어떻게 더 빨리 찾아내는지가 관건인 시대. 그럼 사람은 무엇을 공부해야 하는가? 그 지식들로 어떻게 활용할까? 아니면 새로운 것은 무엇이 있을까? 또 아니면 전혀 상관없는 영역들을 어떻게 연결할 것인가? 이러한 것이 중요해진 시대이다. 그렇기에 더 이상 기계적인 공부를 해서는 안 되는 시점이 와버렸다.

아이들에게 생각하지 않고 그저 주어지는 것에 반응하는 기계적인 삶을 살아가게 해서는 안 된다. 그렇다 복종하는 아이, 이것은 아니다. 내가 청소년일 때는 이런 아이를 착한 아이라고 칭했다. 하지만 생각 없이 그저 시키는 일을 열심히 하는 사람이 착한 것일까? 그럼 자신의 생각과 의사는 어디 있는 것인가? 그것이 부모가 바라는 모습일까? 물론 외부에서 봤을 때는 순종함과 복종함의 차이를 잘 알기는 어렵다. 하지만 한 가지 일이 잘 되지 않았을 때 다음의 액션을 보면 알 수 있다.

우리 가족은 라면을 엄청 좋아한다. 그렇지만 몸에 좋지 않기에 나는 자주 먹는 것을 싫어한다. 하지만 이미 커버린 아이들을 내가 유치원생처럼 쫓아다니면서 다 컨트롤 할 수는 없는 일. 그래서 엄마가 정한 공식적인 라면 먹는 날은 주말 저녁 엄마가 저녁을 차리기 싫어하는 때이다. 엄마는 하기 싫어 식사준비의 주도권을 우리 하군에게 넘겨주지만, 하군은 그 시간에 엄청 행복하게 라면을 끓인다. 근처 마트로 열심히 달려가서 5개 1팩인 라면 두 팩을 사 와서 라면 끓이는 전용 냄비, 일명 다라이에 넣고 끓인다.

그리고 하군 같은 경우에는 라면을 끓일 때 물을 계량해서 넣는다. 나는 대충 눈대중으로 짐작하여 라면을 끓이는데 하군은 계량해서 라면을 끓인다. 자신은 아마 그 라면이 요리라고 생각하는 것 같다. 그래서 어느 날 한번 물어보았다. "라면이 먹고 싶어도 끓이는 것은 귀찮지 않아?"라고 질문했더니 "아니다, 라면이 맛있기에 끓이는 것은 귀찮지 않다."라고 이야기한다. 이런 생각을 가지고 있는 아이는 다른 것을 주문해도 행함이 좀 다르다. 엄마가 바쁜 워킹맘이라 저녁을 준비해 두지 못하였는데 늦을 때가 있다. 그러면 예전에는 남편에게 부탁하였는데 요즘은 아빠도 계속 늦는지라 하군에게 부탁한다. "가는 길에 김밥 좀 사다가 동생들과 먹어."라고. 그럼 큰아들은 그저 김밥을 사서 가기만 해도 괜찮은 행동이다. 그럼 복종하는 것일 텐데. 동생들에게 일일이 전화를 해서 어떤 김밥을 먹을지 물어본다. 그래서 아이들이 먹고 싶은 김밥을 사서 집으로 간다. 이러한 행동은 순종일 것이다.

미세한 차이를 감지하였는가? 그럼 다른 예를 또 한 번 들어보자.

아이들은 대개 정리하는 것을 싫어한다. 그래서 늘 방이 엉망이다. 물론 나도 정리정돈을 잘 못한다. 그렇지만 "방 정리해야지."라고 말하면 하기 싫지만 방을 정리한다. 그러면서 가끔씩 이렇게 이야기할 때도 있다. "엄마 지금 이러이러하니 몇 시까지 정리하면 안 돼요?" 아니면 "이건 이렇게 하고, 저건 저렇게 정리하면 안 될까요?"라고 이야기할 때가 있다. 그들의 말이 합당하면 그렇게 하라고 하고, 핑계라 생각하면 그냥 지금 정리하자고 이야기한다. 하지만 생각 없이 복종하는 아이는 보이지 않게 불평한다. 이것이 순종하는 아이와 복종하는 아이의 차이다.

순종은 마음이 있는 것이다. 상대와 마음을 같이 하는 것이 순종의 핵심이다. 현 사회에서 마음을 같이 하는 사람이 있는 것은 아주 행복한 일이다. 현재 사는 집 주변에는 해수욕장이 있다. 그러다 보니 밤늦게까지 문을 연 술집과 모텔들이 즐비하다. 그런데 그사이를 다니는 청소년들이 정말 많으며 편의점 앞을 서성이거나 바닷가에 삼삼오오 모여 술을 마시는 학생들 또한 엄청 많다. 그 학생들은 왜 집에 들어가지 않나 라고 생각해 볼 때 마음을 같이 하는 사람이 없기 때문이라는 마음이 들었다. 자신을 마음은 알아주지 않고 복종하기만을 바라는 부모들이 넘쳐나기 때문이다.

왜 부모에게 순종해야 하는지에 대한 자세나 마음을 가르쳐주지 않고 그저 부모 말에 복종해야 착한 아이로 치부하니 아이들은 얼마나 힘이 들겠는가?

또한 그 행동을 강조하는 부모들은 그들의 부모들에게 복종함을

불량엄마의 선택적 교육관

배워왔기 때문이지 않을까? 물론 나도 아이들과 싸울 때도 많다. 자신의 의견이 엄마인 나에게 관철되지 않을 때는 치열하게 토론한다. 가끔은 '이 아이가 나를 엄마로 생각하고 있나?' 라는 의문이 들 때도 있다. 하지만 그렇다 할지라도 나는 아이들을 바로 세워가는 일을 멈출 수는 없다. 어른에게 순종하는 자세 그다음 자신의 의견을 관철시키는 자세 무엇보다 현 대한민국에서 중요한 자세이다.

또 다른 편에서 바라보는 시각은 이럴 수 있다. 자신의 생각한 바를 바로바로 이야기하면 더 좋지 않은가? 생각이 없는 것이 문제이지 생각을 하고 이야기하는 것은 아주 좋은 행동이지 않은가 라는 이야기를 할 수도 있다.

하지만 우리 사회는 다르다. 요즘 뜨고 있는 교육법 중 유대인들의 공부법 '하브루타'를 많이 이야기한다. 물론 나 자신도 좋다고 생각하기 때문에 가정에 많이 적용하려고 노력 중이다. 그러나 적용을 해보려 할 때 상당한 어려움을 당한다. 왜냐하면 그들과 우리의 문화권이 다르기 때문이다. 유대인들은 어른이나 아이 할 것 없이 수평적 인간관계의 문화를 가지고 있다. 그렇기에 어린아이가 할아버지와 치열한 토론이 가능한 것이다.

우리나라는 수직적 인간관계의 문화를 가지고 있다. 아마 우리나라에서 꼬마가 할아버지와 치열한 토론을 하였다면 이렇게 이야기를 하였을 것이다. '쪼그만 한 아이가 당돌하네.' 라고 말이다. 그러니 우리가 어찌 나의 의견들을 먼저 스스럼없이 말하겠는가? 나도 처음에는 아이들을 가르칠 때 그러하였다. 자신의 의견이 있으면 이야기를 하라고 자신의 생각과 의견이 있는 것이 중요하고 좋은 것이라고 그러나 현실과 이상은 차이가 있었다.

　나도 대한민국의 평범한 엄마였다. 아이가 자신의 의견을 관철시키고자 엄마에게 의견을 쏟아낼 때 내가 다 받아줄 마음의 넓이가 되질 않는 것이다. 그렇다. 나도 부모의 말에 복종해야 한다는 교육을 받으며 그렇게 하는 것이 착한 것이라는 교육을 받고 자랐기에 변하는 것이 힘든 것이다. 그러니 사회에 나갔을 때 그러한 행동을 한다면 아마 우리 아이들은 의견이 좋든지 나쁘든지 상관없이 사회적 관계에서 도태되고 말 것이다. 그렇기에 먼저 순종하는 행동은 꼭 필요하다.

　싸움은 좋은 효과를 내지 못한다. 서로의 감정이 상하기 때문에 더 관계를 악화시킨다. 하지만 지혜로운 행동은 서로의 관계에 윤활유와 같은 역할을 한다. 특히 요즘처럼 아이를 한두 명만 낳는 시대에는 더더욱 그러할 것이다. 혼자 자란 아이는 나빠서가 아니라 상대를 배려해볼 기회가 없었기에 자신만을 생각할 수밖에 없다. 하지만 아이들이 여럿이 되는 가정에서는 하루 24시간 싸움도 하고, 양보도 하고, 배려도 한다. 그래서 혼자 자라는 아이보다 훈련받을 기회가 훨씬 더 많아진다.

　난 다자녀 맘이다. 예전에는 아이들이 많은 것이 너무 힘이 들었다. 이러한 좋은 것을 많이 알지 못한 채 어설픈 초보엄마로 모든 것을 다 해주려 하니 버겁고 힘들기만 하였다. 지금은 다자녀홍보대사다.

누가 시켜준 것이 아니라 내가 스스로 하는 것이다.

"자녀는 하늘이 주신 기업이다." 라고 한다.

그렇다 한 아이가 어떠한 일을 해낼지는 알 수 없는 것이다. 그러니 나에게는 기업이 3개나 있는 것이다. 어느 기업에서 대박이 날지 모른다. 물론 셋 다 대박이길 바라는 마음이 사실이다. 이렇듯 아이가 한 명이면 확률도 낮을 수밖에 없는 것. 나는 늘 생각하고 기도한다. 어떻게 하면 우리 하하하남매가 자신들의 자리에서 반짝반짝 빛이 날 수 있을까를. 그래서 가르치는 자세가 순종하는 자세이다. 그렇게 아직도 훈련 중이다.

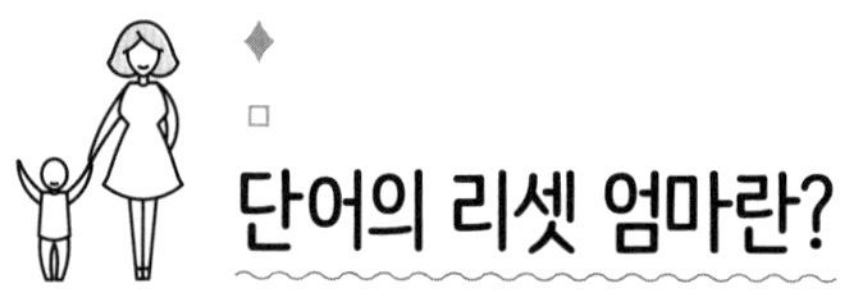 

단어의 리셋 엄마란?

단어에는 그 단어만의 고유한 의미가 있다.

엄마란 단어는 명사로,

> 1. 격식을 갖추지 않아도 되는 상황에서, '어머니'를 이르거나 부르는 말.
> 2. 자녀 이름 뒤에 붙여, 아이가 딸린 여자를 이르거나 부르는 말.

이라고 네이버 국어사전에 나와 있다.

나 또한 결혼하고 첫째를 낳은 후 누구누구의 엄마가 되었다. 그렇게 엄마라는 역할이 시작되었다. 아이가 생겼으니 모든 것을 아이에게 맞추어 생활하였다. 입는 것, 먹는 것, 자는 것까지도. 이 아이는 24시간 내내 나의 곁에 붙어서 내가 자신의 엄마임을 알 수 있도록 반응하였다. 웃기도 하고 울기도 하고 짜증도 내면서 100% 자신의 기준에서 마음에 들면 웃고 마음에 들지 않으면 짜증을 내고, 더 싫으면 울어버리면서 나를 자신에 딱 맞게 길들이고 있었다. 그러다 돌이 지나 걸어 다니고, 두 돌이 지나 말을 하기 시작하고 5살이 지나 글자를 읽고 쓸 줄 알면서부터는 내가 아이를 100% 엄마의 기준에 맞추려 훈련시키고 있는 것이 아닌가? 그렇게 세월을 보내다 막내하딸이 1학년이 되어 정말 엄마 마음처럼 움직여 주지 않을 때 깨닫게 되었다.

아이들이 나의 부속물이 아니구나! 한 명, 한 명 인격체라는 것을 알게 되었지만, 잘 알고 있지 않은가? 사람은 쉽게 변하지 않는다는 것을….

그 당시 난 공부하고 있는 것이 있어서 일을 마치고 집에 잠시 와서 애들 먹을 것을 준비해두고는 바로 실습을 가야 했다. 그날도 집에 들러 후다닥 밥을 준비해두고는 서둘러 실습하는 곳으로 가느라 애들이 다 들어와 있지 않아도 들어오겠거니 하고는 나는 집을 나섰다. 그런데 시간이 흘러 밤이 되어도 막내가 들어오지 않았다는 이야기를 듣고도 '괜찮아 때가 되면 들어올 거야!'라고 생각하고 일을 하는데 시간이 흐르고 흘러도 아이가 집에 오지 않는다는 말에 갑자기 너무 무서운 생각이 들었다. 그래서 사정을 이야기하고 집으로 온 나는 괜히 하군과 하딸에게 화를 내기 시작했다.

어떻게 동생이 안 들어왔는데 그냥 있을 수 있냐며 울면서 화를 내는 모습에 아이들은 적잖이 당황하였다. 그렇게 온 동네를 찾아다니는데 갑자기 문자가 띵동 오는 것이 아닌가?

막내하딸 친구 엄마가 걱정하실까 봐 보내온 문자였다. 문자를 받자마자 그 집에 전화해서 아이를 데리러 갔다. 가서는 애써 괜찮은 척했지만, 차에 아이가 타자마자 나의 속상함을 물밀듯 밀려와서 아이에게 다 쏟아내 버렸다. 그리고 집으로 돌아와 다시 또 한바탕 아이에게 화를 내고서는 진정이 되었다. 시간이 지나 아빠가 돌아와서 다시 아이들의 마음을 다독여주고 엄마인 나의 마음도 다독여주면서 우리는 안정이 되었다. 막내하딸에게 물어보았다. '왜 연락을 하지 않았어?'라고 하니 처음에는 논다고 잊어버렸고 나중에는 늦어서 혼이 날까 봐 연락을 못 했다는 것이다.

그랬구나! 엄마에게 혼나는 것이 아이들은 두렵구나. 나는 좀 엄한 엄마였다. 자유로움을 추구하지만 지킬 것을 지키지 않으면 많이 엄하게 아이들을 대하였다. 그것이 바른 교육이라 생각했기 때문이다. 하지만 그 엄함이 아이들을 위축되게 만들었다. 그리고 어린 막내하딸이 집에 들어왔을 저녁마다 엄마가 없으니 챙겨 먹는다 하여도 엄마가 있을 때와는 당연히 다를 것이다.

난 막내하딸이 초등학교 1학년 때 일을 시작하였다. 그러니 7살 때까지는 아이가 오면 간식도 챙겨주고 필요할 때 바로바로 무언가를 해줄 수 있는 위치에 있었는데 갑자기 1학년이 되자 엄마가 자신의 곁에서 사라진 것이다. 그때 우리 막내하딸이 자주하던 말이다. "왜 언니오빠가 1학년 때는 엄마가 집에 있었는데 나는 왜 엄마가 없어."라는 말을 자주하였다. 분명 아이를 엄마가 없어도 자신의 일은 헤쳐 나가도록 훈련을 시켰다고 생각했다.

그렇지만 내가 놓친 것이 있었다. 외부에 필요한 손길에는 훈련을 시켰지만 마음적인 부분에서 엄마가 필요한 것을 놓친 것이었다. 그러니 아이가 얼마나 마음이 힘이 들었을까? 언니 오빠는 이미 학교생활을 시작한 터이니 잘 적응해나갔지만, 막내는 학교도 적응해야 하고 집에 엄마가 없는 것도 적응해야 하니 얼마나 힘이 들었겠는가? 물론 나도 힘들 때였다. 결혼하면서 일을 그만두고 주부로 있다가 다시 시작한 일이 만만치는 않았다. 거기다가 하던 공부가 있어 저녁에까지 실습하느라 시간을 내어주어야 했으니 엄마인 나도 힘이 들고 아이도 힘이 든 것이다.

그 사건이 있은 후에 실습하던 곳의 배려로 난 평일에 하던 실습을 주말에 할 수 있게 되었고 아이들의 마음도 알게 되었다. 그러면서 엄마의 역할에 대한 재정의가 되었다. 엄마란 곁에서 늘 챙겨주는 것이 아니라 부모로부터 아이가 독립할 수 있도록 아이 자신을 잘 세워주는 것이 부모의 역할이란 것을.

그 후로 나의 양육법은 달라졌다. 무엇이든 상황을 설명하고 아이의 의견을 물어보고 반영이 되도록 하였고 혹여나 내가 해줄 수 있는 것은 해주나 해줄 수 없는 부분은 스스로 헤쳐 나갈 수 있도록 하였다.

모든 엄마가 공감하듯 여자아이는 아침에 머리 묶는 것이 하나의 일과이다. 막내하딸의 담임선생님은 아이들이 머리를 풀고 학교에 오는 것을 좋아하지 않으셨다. 그래서 아침에 일어나면 아이들이 씻고 자신들이 알아서 옷을 챙겨 입고 엄마는 아침만 챙겨주면 등교를 하였는데 딸들은 여기에 머리를 꼭 묶어주고 출근을 하였다.

그런데 이게 어찌 된 일인가? 출근하고 일을 시작하는데 막내에게서 전화가 왔다. 머리를 묶어준 고무줄이 끊어졌단다. 세상에 그러면 그냥 학교에 가라고 하니까 선생님께 혼이 난다고, 안 된다고, 집으로 와서 머리를 다시 묶어주고 가라는 것이 아닌가? 아니, 이게 말이 되는가? 그래서 갈 수 없다고 하니 머리 안 묶어 주면 학교 못 간다고 그럼 학교 안 갈 거라는 것이 아닌가?

당장 돌아갈 수 없었던 나는 그냥 내버려두었다. 일을 마치고 집으로 가니 아이는 해맑게 웃고 있다. 자신이 머리를 묶어서 갔다며 자랑을 하면서 말이다. 이렇게 아이는 한 뼘 자라나 보다. 그렇게 막내 하딸은 자신이 알아서 머리를 묶을 수 있는 아이가 되었다. 이렇게 하나가 더 독립이 되었다.

그렇다, 엄마란 단어에 묶여서 아이들을 독립적이지 않게 양육할 필요가 없다. 단어의 의미는 내가 재정의하는 것이다. 엄마란 아이를 독립하여 홀로 살아갈 수 있도록 돕는 조력자이다. 지금 나는 중3 하군도 중1 하딸도 초등학교 6학년 막내하딸의 일도 내가 결정짓는 것은 없다. 스스로 결정한다. 자신들이 다닐 학원까지도 스스로 가서 상담도 하고 수강도 하고 온다. 그러면 엄마는 돈만 입금해주면 된다.

물론 사교육비로 1인당 지출할 수 있는 금액도 정해져 있다. 1인 30만 원만 가능하다. 그 이상은 해줄 수 없음을 아이들에게도 난 이야기한다. 가정경제도 나는 대부분 이야기하는 편이다. 형편이 좋지 않을 때는 "가정형편이 이러이러하니 우리 외식을 좀 줄이자!" 라고 말하면 아이들이 "알았어!" 라고 말하고 정말 외식을 하자는 이야기를 하지 않는다. 그리고 각자의 스케줄도 평일에는 알아서 하지만 주말에는 가족과 함께 할 일이 있으면 꼭 참석해야 함을 명시하고 있다.

요즘의 아이들이 부모를 따라다니는 것을 싫어한다고 하나 우리 집은 그렇지 않다. 할머니 슬하에 집안일에는 꼭 참석하고 주말은 가정에 별일이 없으면 자신들이 알아서 시간을 사용할 수 있지만, 주일에는 가족이 모두 함께 시간을 사용한다. 주일 저녁은 할머니 댁에서 항상 저녁을 같이 먹는다. 나에게 가끔 이렇게 질문하는 분들이 있다. "그래도 아이들이 따라가네요!" "보통 아이들은 하자고 해도 안 하는데 그래도 따라서 하니 좋네요" 라고 말이다. 그렇다, 우리 하하하남매들은 이러한 일들은 순종하고 따라서 행한다.

이 부분은 그럴만한 이유가 있다. 우리 가족은 학교 일이나 성적 같은 공부에 대한 부담을 주지 않기 때문이다. 정말 난 아이들을 사교육 시장으로 내몰지 않는다. 성적도 그렇게 신경을 쓰지 않는다. 그러니 다른 부모들이 아이들에게 매일 공부하라고 할 때 난 이런 것을 이야기하니 따라올 수밖에 없다. 그렇지 않은가? 지켜야 할 것들이 많으면 힘이 들지만, 우리 하하하남매는 지켜야 할 것을 공부가 아닌 이렇게 가정이 중심이 되는 것으로 이야기하니 지킬 수밖에 없지 않겠는가? 내가 생각하는 엄마는 이런 역할을 감당하는 것이라 생각한다.

가정이 중심이 되게 하고 또한 아이들이 스스로 자신의 삶을 선택하도록 옆에서 그저 묵묵히 지켜보는 것 그리고 독립된 인격체로 설 수 있도록 실패의 기회도, 성공의 기회도 많이 주는 것. 수치도 당해보고, 고난도 당해보고, 칭찬도 받아보고 그러다 보면 스스로 설 수 있지 않겠는가? 그렇지만 힘들고 지칠 때는 가정의 울타리에서 위로도 받고 충전도 받을 수 있어야 하지 않겠는가? 그러한 역할을 감당하고자 나는 오늘도 열심히 나에게 주어진 삶을 누리며 살아가고 있다.

제2장

무엇이 아이들을 위한 것인가

상대를 위함은 어디서 나오는 것인지 생각해보라.
내가 먼저 깊숙이 채워지지 않으면 흘러넘치는 것이 없다.
그러니 아이들에게 내가 무엇을 줄 수 있었겠는가?
진정 그들을 위한 것은 무엇일까?

삶에 대한 가치관

어둠 속에 있는 것 같았다. 결혼할 당시 남편과 나는 빈털터리였다. 결혼식을 해야 하는데 가진 돈은 물론 친정아빠가 결혼자금을 해줄 능력도 없었다. 남편도 그동안 모은 돈도 없고 그전 나처럼 하루하루 그냥 세월을 보냈기에 가진 돈이 없었다. 그도 나와 같이 집안에서 해줄 능력은 없었다. 그런 우리 둘이 결혼을 하겠다는 것부터가 지금 생각해보면 어이가 없지만 우리는 결혼을 하였다.

남편의 신용대출 500만 원을 받아서 결혼식만 하였다. 살림살이는 아주 최소한만 장만하였다. 침대랑 장롱만 구입하고 냉장고도 아주 저렴한 것으로 들여놓았다. 신혼집을 마련할 능력이 없는 우리를 불쌍히 여긴 큰 아주버님께서 자신의 집 2층에 판넬로 조그만 방 두 칸과 거실 그리고 아주 작은 욕실이 있는 집을 마련해주셨다. 그래서 우리는 침대와 가구를 넣을 수가 있었다.

그렇게 시작된 결혼생활. 하지만 그때부터 나는 감옥생활을 하였다. 원래 사교적이지 않은 내가 결혼을 하면서 남편 직장이 있는 곳으로 오게 되었고 그러니 당연히 아는 사람은 한 명도 없고 주변머리

없는 나는 누군가를 사귈 능력도 없었다. 매일 매일 집에서 텔레비전을 보고 남편이 올 시간이 되면 장을 봐다 저녁을 준비하였다. 그 저녁도 제대로 저녁상을 받은 적이 별로 없는 나에게는 어떻게 준비해야 할지 난감했다. 물어볼 곳도 없고 할 줄 아는 것도 없고 그래도 해야만 하는 그런 생활. 거기다 남편도 친구들을 만나서 막 놀러 다니는 성향은 아니라 퇴근시간 땡 하면 집에는 들어왔지만, 저녁을 먹고 나면 항상 컴퓨터 게임을 하였다. 그럼 나는 그냥 텔레비전만 열심히 보는, 그런 생활이 반복하게 되는 내 삶의 암흑기였다.

또 힘든 것은 남편은 주간 야간 교대근무를 하는 직장을 다녔다. 그러니 밤에 나 혼자 집에 있어야 하는 상황. 난 어릴 때부터 겁이 엄청 많았다. 어릴 적 전설의 고향이라는 프로가 유행했는데 그 프로를 보고 나면 나는 잠을 잘 수가 없었다. "내 다리 내놔라! 내 다리 내놔라!" 하며 달려오는 귀신의 모습이 아직도 내 눈에는 선하다. 그 전설의 고향을 보고 나면 밤에 자다가 놀라 깨서 울곤 했다.

그만큼 겁이 많으니 혼자서 작지만 새로운 집에서 잠을 잔다는 것은 너무나 무서운 일이었다. 그래서 밤새 텔레비전을 보거나 불을 켜고 자거나 등등 힘든 것을 남편에게 호소하였다. 그랬더니 남편이 당시 할머니 집에서 지내고 있던 자신의 조카에게 자신이 없을 때 집에 와서 자라고 하였다. 그렇게 그 조카와 함께 지내게 되었다. 조금은 안정이 되어 잠을 잘 수는 있었지만 그렇다고 나의 이런 힘든 것이 다 해소되지는 않았다.

이런 세월이 흘러 첫아이가 태어나고 몸조리 할 곳이 없던 나는 조리원에서 2주간 조리를 하고 집으로 돌아왔다. 마침 남편의 여름휴가와 맞물려서 남편이 나머지 몸조리를 해주었는데 처음 아이를 키우니 우리가 무얼 알았겠는가? 계절은 여름이라 판넬 집은 햇빛에 달아올라 너무나도 더웠고 그 열기는 선풍기로는 도저히 해소가 되지 않았다. 그러니 조리원의 실내 적정온도에서 잘 지내던 아이는 온도가 맞지 않으니 울기 시작했고. 어찌할 바를 모르는 우리는 그나마 이야기를 할 수 있는 큰 형님께 전화를 드렸더니 아기가 더워서 그런 것 같다고 1층에 큰형님 집에 가서 지내라는 것이었다.

그렇게 우리는 피난 짐을 싸들고 1층으로 내려갔다. 확실히 2층 판넬집 보다는 온도가 낮아서인지 아이가 조금 진정되었다. 그 당시 우리 남편의 월급은 70만 원이 채 되지 않았다. 왜냐하면 결혼 전 대출을 내어서 갚고 있던 돈이 있었기에 월급에서 그 금액을 제하고 나오는 것이었다. 그러니 우리 생활이 어떠했겠는가? 그렇지만 이 상태로는 안 될 것 같아서 큰마음을 먹고 에어컨을 구입하였다. 벽걸이 에어컨을 거금 70만 원을 주고 말이다.

역시 아기가 생기니 모든 것은 아기 기준이었다. 이렇게 에어컨을 구입했지만 성수기라 설치는 일주일 만에 되었다. 그래도 우리는 그 에어컨 하나에 너무 행복했다. 아이가 웃기 시작하고 나도 더위가 좀 해소되니 살 것 같았다. 그러나 그때부터 또 전쟁이었다. 아기가 손을 타서 나에게서 떨어지지 않는 것 그러니 나는 아무것도 할 수가 없었다. 잠을 재워서 양방다리를 하고 무릎에서 눕혀 재우든지, 안고 재우든지 아니면 내가 누워 나의 배 위에 재우든지 엄마와 떨어지면 잠을 자지 않는 것이다.

이제 태어난 지 1달이 지났으니 없을 수도 없는 상황 그러니 난 매일을 아이와 24시간 한몸인 채 생활을 하였다. 남편이 오면 겨우 아이를 맡기고 밥만 해먹는 상황. 반찬은 장을 보러 갈 수가 없으니 그냥 시어머니께서 만들어 주신 밑반찬에 밥 먹기. 그렇게 우리는 매일매일이 어떻게 지나가는지도 모르고 세월을 보냈다. 생각이란 것이 필요치 않았다. 아기가 자면 나도 자고 아기가 깨면 나도 깨고. 이러면서 나는 점점 엄마가 되는 과정을 지나고 있었다. 그렇게 정신없이 세월을 보내면서도 내 안에 꿈틀대는 엄마의 본능이 있었던 것 같다.

아이가 100일에 처음 구입한 동화책을 정말 수도 없이 읽어주었다. 독서는 아이가 100일 정도 되었을 때 시신경이 제대로 발달이 되어 색을 구분할 줄 알고 얼굴이 인식하기 시작한다는 이야기를 들었고 그래서 독서는 그때부터 시작해야 하는 것이 맞다는 정보를 접하게 되었다. 그때부터 아이와 나란히 누워서 4권 세트인 동화책을 그렇게 매일 읽어주었다.

그때부터이지 싶다. 내가 독서를 지금도 아이들에게 꼭 해야 할 일로 삼게 된 밑거름이 된 것 같다. 지금도 우리 하하하남매들이 매일 해야 하는 것 2가지가 있는데 그것은 성경읽기와 책읽기이다.

나는 기독교인이다. 이 부분도 이야기가 길지만 다시 기회가 되면 하고 하나님의 말씀인 성경과 삶의 지혜가 담긴 독서, 이것이 내가 아이들에게 강조하는 것이다.

독서를 강요하면 안 된다고들 지식인들은 이야기도 한다. 책 읽는 진정한 즐거움을 알아야 하기 때문이라는데 내가 늦게 책을 읽어보니 책은 즐거움보다는 앉아서 읽어내는 것이 중요하다는 것을 몸소 깨우쳤기에 난 독서를 강요한다. 또한 이것이 가능한 것은 다른 여타 공부를 강요하지 않기 때문이다. 난 학교공부에 그렇게 많은 비중을 두지 않는다. 공부도 습관이라 하지만 난 평생을 살아가면서 더 중요한 습관은 성경읽기와 독서라고 생각하기 때문이다. 생각해보라. 우리가 학교 다닐 당시에 했던 공부를 사회에 나와서 얼마나 사용하고 있는가? 정말 나는 단 10%로도 사용하지 않는 것 같다. 그러나 책으로 배워둔 삶의 지혜는 사라지지 않는다. 또한 배경지식이 되기 때문에 학교 성적에도 영향을 미친다.

앞에서도 이야기했듯이 우리 하하하남매는 학교공부는 하지 않는다. 정말 하지 않는다. 나는 여태 아이들 전과나 시험대비 문제집을 하나도 사본 적이 없다. 연산이 필요하다 생각해서 연산문제집은 몇 권사서 시킨 적은 있다. 하지만 시험을 대비한 어떠한 문제집도 사본 적이 없다. 그러니 우리 집 아이들은 시험에 대한 부담감이 전혀 없다. 그렇기에 독서를 강요하지만, 별말 하지 않는다. 엄마의 가치관이 여기에 있다는 것을 본인들도 알기 때문이다. 나는 아이들이 행복하길 바란다. 나도 이 순간순간이 행복하길 바란다. 내가 행복하지 않는데 어떻게 아이들이 행복하겠는가?

하군이 3학년 때쯤 남편과 내가 엄청 심하게 싸운 적이 있다. 무엇 때문인지는 생각이 나질 않는 걸 보니 이유는 별것 아니었는데 그저 쌓인 것이 많아 그렇지 않았나 생각해본다. 그렇게 싸우다 보니 말을 하지 않고 지내길 1주일이 지났다. 대화를 하지 않아도 삶을 살아가는 것에는 별 지장이 없었다. 아이들과 난 알아서 챙기면 되고 남편은 그냥 두면 되었다. 그때 우리 집은 주택이었는데 다락방이 있었다. 주야근무를 하던 남편은 야간 때는 다락방에 가서 잠을 잤다. 아이들 소리가 시끄럽고 하니 그런 것이었는데 싸운 후에는 주간에도 다락방에서 잠을 잤다. 그렇게 완전히 분리된 삶을 사니 서로 불편함은 없었다. 하지만 난 아이들에게 남편과 사이좋을 때보다 화를 많이 냈다. 특히 아빠를 똑 닮은 하군에게 더 많은 화를 냈다. 정말 나빴다.

그러면 안 되는 것을 알지만 내 안의 쌓인 감정이 해소가 되지 않아 자꾸 화를 냈다. 그러니 아이들이 행복했겠는가? 그러다 일주일이 다 지날 갈 때쯤 남편이 말을 걸어왔다. 남편 왈 '정말 내가 돈 벌어다 주는 기계인가?' 라는 생각이 자신을 사로잡았다고 한다. 그 말에 머리를 한 대 얻어맞은 듯하였다. 내가 도대체 무슨 짓을 한 것인가? 가정의 가장을 이리도 비참하게 만들다니 역시 사람이 답이다! 그런 사람을 놓치고 있었으니 얼마나 내가 암울한가? 그러면서 다시 난 책을 들었다. 대화법에 관한 책을….

행복의 정의

난 가끔 아이들에게 잘 물어본다. "넌 행복하니? 넌 네가 좋아?" 라고 말이다. 아마 내 자신에게 묻고 싶은 이야기이지 싶다. 그러면 우리 아이들은 늘 "행복하다!"라고 이야기한다. "무엇이 행복해?" 라고 물으면 "그냥 행복해? 왜 엄마는 안 행복해?" 라고 반문을 하면서 말이다. 행복이란 무엇일까? 행복에는 이유가 있을까? 물론 불행에는 원인이 있을 것이다. 하지만 행복에는 원인이나 이유가 있을까? 그저 행복한 건 아닐까? 우리 집 하하하남매는 성향이 아주 다르다. 다르기에 재미있고 다르기에 갈등도 있다. 그러나 별문제는 없다.

가끔 정말 내가 이해가 안 되는 상황들이 연출되는데 여형제가 없는 나는 자매들 간의 그 묘한 사이를 이해하지 못할 때가 많다. 단지 인정할 뿐 우리 하딸들은 성향이 다르기에 갈등도 많다. 그중 하딸은 마음이 아주 여리고 사랑이 많으나 겉으로 표현하는 액션을 아주 강하게 표출한다. 그것은 순수하기 때문이라고 엄마는 생각한다. 또 막내하딸은 아주 상황파악을 잘한다. 자신이 이 상황에서 어떻게 해야 사랑받을지를 아주 잘 안다. 그러니 둘은 함께 있어도 행동함에 있어서는 완전히 다르다. 엄마는 둘을 잘 알기에 이해를 하지만 다른 사람들은 아이들의 특성을 잘 모르기에 하딸에 대한 어려움을 호소한다.

학기 초가 되어 학교상담을 가면 항상 이야기하는 것이 아이들의 특성이다. 특별히 하딸의 특성을 아주 상세하게 이야기한다. 겉모습은 아주 예쁘고 여성스러운데 엄마인 나를 닮았는지 자신의 그런 모습을 부끄러워한다. 그래서 더 털털한 척하고 쿨~한 척을 한다.

하지만 마음은 정말 누구보다 더 여리고 사랑이 많은 정의로운 아이다. 그러니 그 정의로움에 '잔 다르크'와 같은 강한 액션이 나오는 것이다. 이러한 특성을 아주 상세하게 선생님께 말씀드린다. 그러면 아이의 특성을 알고 훨씬 대처를 잘하시는 듯했다.

막내하딸은 상담을 갈 때마다 여태껏 들은 이야기가 "상담할 게 없어요! 그런데 어머니는 왜 오셨어요?" 라고 한다. 그러니 얼마나 상황 파악을 잘하겠는가? 이런 딸들이 어떨 때는 서로 피가 터지게 싸울 때도 있다. 이유는 막내가 언니에게 덤비기 때문이다. 말을 조목조목 잘하는 막내하딸은 입으로 싸우고 정의로움이 넘치는 하딸는 이러한 행동이 틀렸다고 생각하기에 제압하기 위해 자신의 힘을 사용한다. 그러다 엄마에게 들키면 중재를 하는 엄마가 투입되고 사건은 일단락 된다.

그렇다고 어떻게 사람이 금방 사랑하는 사이로 변할 수 있는가? 나는 글을 쓰고 있는 지금도 이해는 안 되지만 싸운 지 한 시간도 안 되어서 좁은 싱글침대에 둘이 누워 하하 호호 웃는 것이 아닌가? 우리 집 하딸들은 2층 침대를 사용한다. 그 2층 침대의 1층은 얼마나 좁겠는가? 슈퍼 싱글도 아니고 연인 사이도 아닌데 둘이 누워서 까르르 넘어가는 모습을 보면 이런 것이 진정한 자매의 모습인가? 하는 생각이 든다.

하군에게도 물어본다. “넌 행복하니? 넌 네가 좋아?”라고 그럼 이렇게 되물어본다. “엄마는 안 행복해?”라고 왜 그런 질문을 하느냐는 듯 반문하는 것이다. 그럼 난 이렇게 대답한다. “행복하지. 너희들이 있는데 당연히.” 그러면 “나도 행복해 그럼 이제 묻지 마!”라고. 이 아이도 경상도 남자일까? 이야기를 길게 하지 않는다. 하지만 행복한 것은 맞는 듯하다. 사춘기가 다 끝나가는 요즘 중3 아들은 어렸을 적 개구쟁이 같은 모습이 많이 보인다.

어렸을 때 사진을 보면 개구지게 취하지 않은 포즈가 없다. 그런 개구쟁이였던 아들이 중학생이 되면서 말도 없고 더 무뚝뚝해지고 별 반응도 없고 그랬다. 웬만해서는 별로 아는 척도 하지 않았다. 그렇게 그냥 별일 아닌 듯 지나가고 싶었다.

실제로 유대인 아이들은 사춘기가 없다고 한다. 그들은 만13세가 되면 ‘바르미쯔바’라고 일컫는 성년식을 한다. 그때부터 성인 대접을 해준다. 그들은 회당을 성인 남자 10명이 모이면 만들 수 있는데 그때 성년식이 지난 아이들도 그 회당을 만들 수 있는 자격이 주어진다. 그러니 그들은 자신이 그러한 인격적인 대우를 받기에 사춘기가 없다고 한다.

우리나라도 ‘사춘기라서 그렇다. 중2는 다 그런다.’라는 인식을 버렸으면 좋겠다. 그것이 이해하는 차원이 아닌 그래도 되는 것처럼 사회가 흘러가는 것이 조금 안타깝다.

자신이 조금 어릴 뿐 한 사람의 인격체로 대접하면 그 아이들은 그에 맞는 그릇이 되려고 노력할 것이다. 우리 하군은 논리적인 머리형 아이다. 가끔 어떻게 저렇게 냉철할까? 하는 생각이 들 때도 있지만, 사람을 생각하는 마음은 또 한편으로 느껴지기에 너무 걱정하지는 않는다. 그래서 우리 가정 안에서 무언가 해결이 안 되고 논쟁이 되는 사건이 있으면 일명 '하늘이 법정'에 가보자는 이야기를 한다. 정말 치우치지 않고 객관적으로 이야기해주고 바탕에 깔린 마음도 들여다본다.

그 이야기를 듣고 있으면 가끔씩 기분이 나쁠 때도 있다. 나의 좁은 그릇이 탄로 나기에 엄마로서 부끄럽다. 그러나 그때도 그 아이는 이렇게 이야기한다. "괜찮아 이번에 알게 되었으면 다음에는 안 그러면 되지"라고…. 이건 뭔가? 내가 엄마인가? 그 아이가 엄마인가? 이렇게 우리 집은 발언이 자유롭다.

난 이러한 가정문화가 좋다. 스스럼없이 이야기할 수 있는 문화, 물론 가끔씩 너무 팩트를 말해서 감정이 상하는 경우도 있다. 그럴 때 말하는 방법에 대하여 이야기를 해준다. 같은 말이지만 다른 표현방법도 있다고 말이다. 하지만 아직은 잘 모르겠다고 한다.

그리고 어떨 때는 이야기해주면 알고 수정할 수 있기 때문이라고 애써 자신이 성숙한 듯 행동하려는 모습도 보인다. 그래도 감사한 것은 자신의 행동이 성숙한 것임을 알고 있기 때문에 가능성이 있다고 나는 믿는다.

　이렇게 자신들은 행복하단다. 그럼 나는 어떤가? 나에게도 질문해 본다. 결론부터 이야기하자면 행복하다. 정말 요즘은 걱정을 머리에 싸매고 있지 않은 것 같다. 왜인지는 알 수가 없다. 사실 난 원래 그런 사람이 아니다. 걱정거리가 있으면 한동안 고민하고 또한 내가 해결할 수 없는 일이라도 직면해야 하는데 회피하는 성향이 강했다.

　물론 아직도 회피하는 행동은 남아있지만 내 모습을 발견하고는 직면하려 노력하는 과정 중이다. 사람은 누구와 함께 있는지가 너무나도 중요한 것 같다. 이러한 아이들과 철없이 시간을 보내고 희희낙락하다 보니 나도 아이가 되어가는 듯하다. 나이가 들면 성숙해져야 하는 것이 맞지만 철이 좀 없었으면 좋겠다. 그래야 인생이 훨씬 더 재미난 것 같다.

　결혼 전 남편과 사귀고 있을 때 남편은 싸우고 나서도 다음날 되면 웃는 목소리로 같이 저녁 먹자고 내가 있는 곳으로 달려왔다. 그리고는 아무 일이 없었던 듯 밥을 먹고 웃고 농담을 하곤 했다. 사실 연애할 때는 그런 모습이 정말 싫었다. '어떻게 문제가 해결되지 않았는데 저렇게 할 수 있을까? 저 사람 좀 이상한 거 아닌가?' 라는 생각을 하였지만, 어느덧 함께한 세월이 10년이 넘어 20년을 바라보는 지금에 와서 보면 이러한 성격이 너무 좋다. 삶은 즐거워야 하지 않겠는가? 나에게 주어진 시간이 얼마나 남았는지 알 수 없는데 그 시간은 싸워도 흘러가고, 울어도 흘러가고, 기뻐도 흘러가고, 행복해도 흘러간다.

그렇다면 가능하다면 감사하며 보내고 기쁘게 보내고 행복하게 보내야 하는 것은 너무나도 당연하다.

그러나 우리는 노력하지 않는다. 행복해지려는 노력을 말이다. 세상에 거저 되는 것은 없다. 거저 주어지는 것은 시간뿐 그 시간에 무얼 담느냐는 자신의 몫이다. 그 시간에 나는 아이들과 행복을 많이 담으려 노력한다. 아이들에게 학교공부를 강요하지 않는 이유도 마찬가지이다. 세상에는 중요한 것이 많다. 특히나 중학생 정도가 되면 공부가 필요한지 필요치 않은지 정도는 이미 잘 알고 있다.

하지만 선택은 그들의 몫이다. 공부를 하지 않아서 다가오는 미래도 공부를 열심히 해서 다가오는 미래도 다 자신들이 책임져야 할 몫이다. 이것은 부모인 엄마의 몫이 아니다. 엄마는 그저 곁에서 지치면 안아주고 넘어지면 연고 발라주며 그 아이를 지지해주는 것이 엄마인 나의 몫. 난 그렇기에 행복할 수 있다.

나에게도 그런 사람, 남편이 있다. 가끔은 따끔한 충고에 화가 치밀어 오를 때도 있지만, 그 마음을 알기에 감사하고 또한 그러한 삶을 함께 나누고 공유할 아이들이 있어 감사하다.

행복은 현재의 상황이 주는 것이 아니다. 어떠한 상황에 처해 있더라도 함께하는 사람이 같이 만들어 가는 것이다. 혼자서는 절대 할 수 없다. 마음을 함께해줄 사람이 필요하다. 그 마음을 나눈다는 것은 단시간에 되지 않는다. 가족이라도 거저 되는 것은 아니다. 나누어 본 경험이 있어야만 가능하다. 시간이 필요한 것이다.

우리 하하하남매는 아직도 만들어 가는 가운데 있다. 작은 것에 기뻐하고 아이의 개구쟁이 같은 행동 하나에 행복해하며, 잘 치지 못하는 피아노지만 곡을 연주하며, 진수성찬은 아니지만 라면 7개를 다 라이에 끓여먹어도 "와 맛있다!"를 연거푸 반복하며 먹는 우리 하하하남매 가정. 특별한가요? 아니면 너무 평범한가요? 우리는 이곳에서 행복을 누리면 살아갑니다.

존재로 사랑받기

　누군가에게 죽도록 사랑을 받아본 적이 있는가? 결혼한 엄마라면 누구나 연애 시절 남편에게서 받은 사랑의 추억으로 살아간다는 말에 동의할 것이다. 나 또한 연애 시절 행복했던 순간이 떠오른다. 지금의 남편과 만난 지 100일이 되던 날, 만나기로 한 장소로 한 남자가 큰 박스 2개를 안고 열심히 달려오는 것이 아닌가? 빨간 박스 하나에는 장미꽃 100송이와 또 다른 박스에는 스커트와 니트가 들어있었고 또 작은 상자에는 향수가 들어있었다. 지금 생각해 보니 거금을 들인 것이 분명하다. 계절도 겨울이라 꽃과 옷을 다 비싸게 구입했을 터인데 난 그때도 남편에게 톡톡 쏘았다.

　사실 난 향 알레르기가 있다. 향수도 싫어하고 향이 있는 음식도 싫어하고 무엇이든 향이 있는 것은 다 싫어했다. 그런 나에게 향수를 선물했으니 나에게서 좋은 말이 나올 리는 만무했다. "어떻게 사랑한다면서 사랑하는 사람의 취향도 모르고 제일 싫어하는 향수를 사 왔냐?"고 타박만 주었다. 이런 나쁜 사람이 있나, 지금 와 생각하면 난 너무 나빴다. 어떻게 만난 지 100일 만에 나의 취향을 다 알 수 있겠는가? 모르는 것은 당연한 것. 아는 것이 더 이상한 일이 아닐 수 없다. 그래도 남편은 그러냐며 미안하다고 그냥 넘어갔다.

나는 아무런 선물도 준비하지 않고서는 준비해 온 선물을 타박하는 아주 나쁜 사람이었다. 그러나 남편은 그런 나를 사랑해주었다. 어떻게 그렇게 그냥 별일 아닌 듯 넘어갈 수 있는지 아직도 이해가 가지는 않는다. 그러나 그는 별스럽지 않게 그냥 그렇게 흘려보냈다.

무엇이 그를 그렇게 담담하게 하였을까? 그것은 사랑의 힘이다. 나를 있는 그대로 사랑했기에 어떤 한 문제가 생겨도 괜찮았던 것이다. 그저 해결하면 될 뿐이니 그렇다. 사랑함이란 상대를 있는 그대로 인정해 주는 것 나에게 맞추는 것이 아님을 그는 알고 있었다.

우리 막내하딸이 3살쯤 되었을까? 주일에 저녁예배를 드리고 집으로 돌아왔는데 자기는 아직 언니오빠들과 놀던 여운이 남아서였는지 현관문 앞에서 들어오지 않겠다고 버티는 것이 아닌가? 아무리 설득하고 달래보아도 3살 꼬마는 꿈쩍도 하지 않는 것이다. 그래서 어쩔 수 없이 두고 "네가 하고 싶은 대로 해!"라고 이야기하였다. 그렇게 시간이 얼마나 흘렀을까. 약 1시간 정도는 흘렀지 싶다. 그러다 들어온 막내는 이렇게 이야기를 하는 것이 아닌가? "들어가면 되잖아!" 하면서 문을 쾅 닫고 들어오는 것이 아닌가?

남편과 나는 너무 어이가 없었다. 어떻게 3살 꼬마가 저럴 수 있는지 그렇게 맘이 상한 막내하딸은 씻으러 욕실로 들어가자니까 이번에는 "내가 씻을게! 씻으면 되잖아!" 이러고는 혼자 욕실로 들어가 칫솔에 치약을 짜고는 양치를 하는 것이 아닌가? 우와 이런 당돌함. 어이가 없는 나는 혼을 낼 수도 없고 웃을 수도 없는 상황을 그저 바라볼 뿐이었다.

그렇게 혼자서 양치하고 손발 다 씻고 나온 딸은 옷을 갈아입고는 잠을 자려고 준비를 했다. 그러면서 자신의 화가 다 풀렸는지 어느새 내 무릎에 앉아있는 것이 아닌가? 어이가 없기도 했지만 나에게 앉아있는 막내가 그저 사랑스러웠다. 나에게도 이런 사랑함이 생기다니….

우리 하하하남매는 나이 터울이 합쳐서 3살 차이다. 첫째와 둘째가 2살, 둘째와 막내는 연년생이다. 그러니 얼마나 올망졸망하겠는가? 그 사이에서 우리 둘째는 참 순하게 자랐다. 먹을 것만 주면 얌전히 잘 있고 잘 울지도 않고 엄마가 막내를 끼고 있어도 질투도 많이 하지 않았다. 그런 둘째가 안쓰러워 참 많이도 울었다. 그저 미안한 마음이 컸다. 첫째와 막내사이에서 자신을 드러내지 못한 그 아이의 마음이 느껴졌기에 그리고 미안했기에 눈물이 났다.

하딸은 제법 클 때까지 밤에 자다가 이유도 없이 자꾸 울었다. 자신의 삶이 고달파서 그런 것이 아닌가 추측해 본다. 우리도 힘들었다. 갓난아이라면 그러려니 했을 텐데 제법 초등학교 들어갈 때까지 밤에 자다가 갑자기 새벽에 일어나서는 한참을 울다 잤다. 이러한 증상을 '야경증'이라고 하는데 정말 힘이 든다. 아이가 자다 깨서 한참을 울면 가족 모두가 일어나서 잠을 못 자니 모두가 수면부족 상태이다.

둘째는 태어날 때부터 4.2kg으로 크게 태어나고 먹는 것도 잘 먹어

등치가 좋았다. 안고 달랠 수는 없었다. 그러다 야경증이 나타나는 이유가 낮에 스트레스를 많이 받았기 때문이라는 말에 남편과 나는 너무도 미안했다. 당시 하군이 4살 자신은 2살 동생은 아직 갓난아기, 그사이에 껴서 자신에게까지 갈 엄마의 사랑이 부족하였던 것이다.

첫째는 첫아이라 마음을 쓰고 막내는 아기라 계속 엄마가 안고, 업고 다녔다. 착하고 얌전한 둘째는 그저 먹는 것으로 달래기만 할 뿐 이러한 환경 속에서 본인이 받는 스트레스를 이기지 못한 것 같았다. 또한 아이이기에 표현하지 못한 것이 밤에 잠을 자다 터져 나오는 것인데 또 현실을 그것을 다 받아주지 못하여 혼을 내니 얼마나 서로가 마음이 아팠을까? 다시 생각해도 눈에 눈물이 난다. 그러다 아이가 크면서 그 부족이

조금씩 채워졌는지 감사하게 초등학교 들어갈 즈음엔 괜찮아졌다. 그렇다. 아이들은 사랑받기를 원한다. 그 사랑이 채워지지 않으면 어떠한 방법으로든 표출하는 것이다.

하군은 어릴 때 물을 엄청 무서워하였다. 눈에 물이 조금이라도 흐르면 기겁을 하면서 넘어가는 것이 아닌가? 그러니 머리를 감길 때도 아기처럼 아빠가 안아서 얼굴을 하늘로 향하게 하여 머리를 감긴 것이 5살까지 이어졌다.

상상해 보라. 5살 아들을 갓난아이처럼 안아서 머리를 감기고 있는 모습을. 거기다 아들은 머리를 자를 때 쓰는 이발기 소리도 무서워해 머리를 자를 때마다 아빠가 아이를 안고 머리를 잘랐다. 그러니 아이

도 어른도 몸에는 머리카락 범벅이고 머리를 감고 오지 못하니 아이를 안고 집으로 쏜살같이 달려와 함께 샤워를 하였다. 눈에 물이 들어가지 않게 샤워를 시키는 것은 엄청난 기술이 필요하다. 그러나 이 모든 것을 다 해내었다. 우리는 부모이기에. 그러나 우리는 아무것도 바라지 않았다. 그저 이 아이들이 함께 있는 것에 감사하고, 노래 부르며 춤을 추면 감사하고, 차려준 밥을 맛있게 잘 먹어주면 감사하고 잘 자면 그저 감사하였다.

그때는 그러하였는데 지금은 그런가? 라는 질문을 해보면 대답을 할 수가 없다. 무언가를 잘해야 아이가 예쁘고 상장이라도 받아와야 감사하고 나에게 잘하면 기분 좋고 이런 내 모습이 부끄러워 얼굴이 화끈거린다.

왜 이렇게 되었을까? 난 왜 변질되었을까? 아이들은 그저 자라가는 모습일 뿐인데 아기였다가 유아였다가 유치원 그리고 초등학교를 지나 중학생이 되어갈 뿐 그 아이 자체가 변한 것은 아니다. 단지 자라는 과정에 아이들이 변하는 모습일 뿐이다. 다른 사람이 되는 것은 아닌데 왜 그 모습 그대로를 인정하는 것이 이리도 어려운 것인지?

나도 누군가에게 나의 있는 모습 그대로 사랑받고 인정받을 때 행복한 것을 알면서도 나조차도 그러기는 힘든 것이다. 우리는 이렇게 무지하고 마음의 크기가 작다.

마음의 크기는 보이지 않지만 작으려면 바늘구멍만큼 작을 수 있고 크려면 온 우주를 담을 만큼 크게도 할 수 있다는데 어찌 이리도 키우기가 어렵단 말인가? 나만 그런 것인가? 아님 다른 누구도 다 그런 것인가? 알 수는 없지만 하나 정확한 것은 우리는 존재만으로도 사랑받을 충분한 가치가 있다는 것이다.

당장 생각해보라. 우리 아이 중 누구 하나가 갑자기 사라진다면 어떻게 될지 상상이 되는가? 아마 상상도 되지 않을뿐더러 끔찍할 것이다. 그것이 지옥이지 않을까? 하는 생각이 들 것이다. 우리는 그렇기에 존재만으로도 많은 역할을 감당하고 있는 것이다.

세상에는 필요한 사람 필요치 않은 사람은 없다. 다 존재만으로도 그 일들을 다 감당하고 있다. 단지 살아온 환경과 사고방식이 달라 다른 사람일 뿐 그 다름이 상대를 존중하지 못할 이유는 되지 않는 것이다. 오랜만에 아이들을 진정 있는 모습 그대로 사랑했던 그 추억을 회상해보니 마음 한 부분이 따뜻하기도 하고 아련하기도 한다.

오늘은 둘째가 학교를 마치고 집으로 오면 꼭 안아주고 싶다. 그러면서 이렇게 이야기할 것이다. 사랑한다고 넌 존재 자체로 엄마의 기쁨이라고 말이다. 늘 중간에 치여 사는 우리 둘째는 안쓰럽다. 하지만 그 마음의 표현이 잘되지 않아 미안할 때가 많다.

훨씬 더 창의적인 아이인데 이 사회는 창의적이고 살짝 생뚱맞은 아이를 받아들이는 것에는 힘들어한다. 하지만 엄마 아빠는 우리 둘째의 그 생뚱맞음과 창의적인 활동들이 얼마나 좋은 달란트인지 잘 알고 있다.

그래도 이 대한민국 사회 속에서 40년이 넘게 살아온지라 알면서도 달라지기는 쉽지 않은 것도 사실이다. 그렇지만 조금씩 달라지고 있다. 각도는 처음에 1도가 벌어지면 눈으로 확인이 잘되지 않지만, 세월이 흘러 나중에 보면 엄청난 각도가 벌어져 있음을 알 수 있다. 나는 이 저력을 믿는다. 우리 둘째의 저력을 마음도 아름답고 정의로운 그 아이만의 강점을 아름다움을….

우리는 모두가 존재만으로도 사랑받을 가치가 있다.

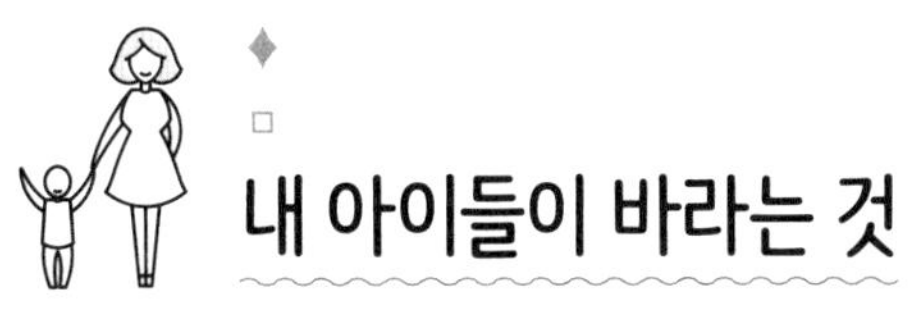

내 아이들이 바라는 것

　엄마인 내가 바라는 삶은 무엇인가? 현모양처처럼 집에서 살림 열심히 살고 아이들 뒷바라지 잘하고 남편 내조 잘하는 주부의 삶을 바란다고는 말할 수 없을 듯하다. 난 내가 중요한 사람이다. 그래서 가끔은 엄마다움이 없나 하는 생각이 나의 머릿속을 헤집어 놓을 때도 있다. 하지만 '엄마가 바로 서야 아이가 바로 선다.'는 나의 교육관은 변하지 않았다.

　먼저 바르게 서서 넘어지지 않고 중심을 잘 버티고 마을 어귀에 있는 수호신 나무처럼 떡하니 버티고 있는 사람이 엄마여야 한다. 그래야 곁에서 뿌리내릴 때 그들을 붙들어 줄 수 있기 때문이다. 그 아이들의 뿌리가 견고해질 때까지 말이다. 그러려면 척박한 땅에서도 뿌리를 내릴 수 있는 강하고 담대함이 필요하다.

　우리 집은 여름휴가를 조금 길게 간다. 남편 회사의 휴가가 2주간이기 때문이다. 1차 휴가는 친가 쪽 시어머니의 슬하의 자녀들이 다 함께 2박 3일을 간다. 그리고 우리 하하하가족만 가는 휴가가 2박 3일이다. 그리고 아이들과 엄마만 교회수련회를 함께 2박 3일 간다. 이때가 아빠에게는 진정한 휴가일지 모른다. 모든 아빠들이 공감하는 목소리가 들리는 듯하다. 남편 친구들은 이런 우리 남편을 엄청 부러워한다.

그럼 여행을 가기 전날 아이들이 물어본다. "엄마 우리 몇 박 며칠로 가요?" 물어보면 "2박 3일이다!"라고 말하고 일정을 설명해주면 알아서 자신들의 짐을 싼다. 이렇게 스스로 짐을 싸기 시작한 것은 우리 막내가 1학년 때부터이다. 물론 처음에는 옆에서 조금씩 도와주었다. 그래도 대부분 자신들이 다 챙겨서 넣었다.

이렇게 우리 집 여행은 시작되고 출발하면서 마트에 들린다. 그럼 마트에서 여행을 가면서 먹을 자신들의 간식들을 구입한다. 누가 골라주는 것은 없다. 가격을 정해주거나 개수를 정해주면 자신들이 원하는 것으로 사온다. 식사는 가는 여행지에 맞게 그 지방 특산물 식당을 가는 것이 대부분의 코스이다.

또 있다. 아빠가 번번이 휴게소를 들리면서 무얼 사주다 보니 아이들이 "이거 돼요? 저거 돼요?"라며 질문을 하고 너무 많은 음식을 가지고 오는 듯해서 정한 방법이다. 여행이 시작되면 식사 외에 자신들의 간식이든 사고 싶은 것을 사라고 매일 만 원씩 용돈을 주는 것이다. 그럼 아이들은 정말 자신의 성향이 그대로 드러난다.

결론부터 말하자면 막내가 제일 잘 쓴다. 받은 돈을 남긴 적이 없다. 어떨 때는 오빠에게 빌리고 나중에 용돈을 받아서 갚을 때도 있다. 그러니 얼마나 웃긴가?

큰아들은 자신이 꼭 먹고 싶은 것만 사고 가성비를 따져본 후 구입을 한다. 둘째는 이런 것은 따지지 않지만, 본인이 먹고 싶은 것으로 용돈을 넘기지는 않는다. 그러나 막내는 자신이 먹고 싶은 것도 먹고 오빠가 먹고 싶은 것도 따라 사 먹고 언니가 먹고 싶은 것도 따라 사 먹는다. 그리고 기념품 중에서 갖고 싶은 것도 언니나 오빠에게 빌려서 사 가지고 간다.

이런 애살맞은 면이 있는 막내가 제일 많이 누리기도 한다. 언니오빠가 하나씩 사주기도 하기 때문이다. 얼마나 좋은가 형제가 많다는 것이 말이다.

글을 읽을 때는 아이들에게 자유를 주기에 좋은 것처럼 보이지만 여기에는 엄마의 계획됨이 있다. 자신에 일에 대한 책임을 본인이 지게 하고자 하는 엄마의 마음이 반영된 것이다. 아이들은 나에게 무엇을 바랄까? 다른 엄마들처럼 알아서 챙겨주는 것을 바랄까? 아니면 지금과 같이 자유로움을 주는 것을 바랄까? 이미 이러한 생활에 익숙한 우리 집은 개인주의면서 공동체이다.

과자를 하나 사서 먹어도 우리는 각자의 것들에 맞추어서 사온다. 엄마, 아빠, 오빠, 언니, 막내까지 좋아하는 과자가 다 다르다. 그러면 과자를 사러 간 사람이 누구든 사들고 오는 종류는 5가지이다. 그리고는 서로 나눠 먹기도 한다. 이렇게 우리는 각각 다르게 또 때로는 함께이다. 현재는 이렇게 잘 정리가 되어 있는 것 같지만 이렇게 정리하기까지의 시행착오는 많았다.

어렸을 적 우리 아들이 어린이집에서 사탕이라도 하나 받아오면 난 칼로 3등분을 내어서 아이들에게 나누어 주었다. 그리고 항상 아이들에게 이야기하였다. 3명이 함께 나누어 먹어야 한다고. 그래서인지 막내는 누군가가 마트에 데리고 가면 이 아이는 꼭 언니 오빠 것까지 챙겨서 얻어왔다. 그러니 어찌 예쁘지 않겠는가?

하지만 또 어찌 보면 그것이 자신의 것을 챙기는 방법인 것을 그 아이는 알았을지 모르는 것이다. 그래야 자신도 하나 온전한 것을 먹을 수 있기 때문이 아니겠는가. 하여튼 어찌 항상 엄마가 하자는 대로 할 수 있겠는가?

자신 혼자만 먹거나 하고 싶을 때도 있지. 그럴 때는 어떻게 하였을까? 그때는 난 너무나도 냉정한 엄마였지 싶다. 그렇게 욕심을 부리면 난 아무도 주지 않았다. 욕심을 부리면 주신 것도 사라지는 것이라고…. 그럼 울고불고 난리가 나지만 난 아랑곳 하지 않았다. 그럼 아이는 나누어 먹겠다고 이야기한다. 이런 모습의 엄마가 얼마나 미웠을까? 그냥 과자 하나 먹게 두어도 되는 것을 말이다. 한편으로 생각해 보면 좀 너그러이 두어도 됐지 않았을까 생각해보지만, 그때는 그럴 수 없다고 생각하였다. 그러한 것을 가르쳐야 엄마라고 생각했다.

아이들은 규칙을 싫어한다. 시키는 것은 하기 싫어하고 지켜야 하는 것을 힘들어한다. 그런 아이들이 어린이집을 가면 엄청 규칙을 잘 지킨다. 그러니 집에 오면 얼마나 자유롭게 있고 싶겠는가? 지금의 나는 그 마음을 알기에 아이들에게 자유를 많이 준다.

이렇게 되기까지 얼마나 시행착오가 많았겠는가? 그 가운데에서도 가장 힘들게 적용한 것이 집에서 텔레비전을 없애는 것이었다. 첫 번째 난관인 아빠를 넘어서야 했다. "왜 돈을 주고 산 텔레비전을 못 보게 하느냐 그럼 집에서 무얼 하느냐!" 라며 반대를 하였지만, 엄마의 결단은 견고한 성처럼 흔들리지 않았다. 그래서 우리 집의 텔레비전 용도는 영화를 보는 스크린이 되었다. 그렇게 소파에 앉아 리모컨을 들고 여러 채널을 돌려가면서 채널쇼핑을 하던 모습은 사라졌다.

우리 집에 놀러 온 큰아들의 친구가 "텔레비전 보자!"라고 이야기하면 하하하남매들은 "우리 집은 텔레비전 안 나오는데." 라고 이야기한다. 그럼 그 아이는 "그럼, 뭐하고 놀아?" 라고 이야기한다. 그럼 우리 하하하남매는 "그냥 놀아! 책도 보고, 장난감도 가지고 놀고, 보드게임도 하지."

그 아이들은 이해할 수 없다는 표정으로 우리 아이들을 바라본다. 그러나 엄마는 굴하지 않는다. 아이들도 엄마에게 조르지 않는다. 아닌 것은 아닌 것을 알기에 더 이상 이야기 하지 않는다. 그렇지만 그 아이들의 마음에 정말 괜찮았을까? 하는 생각이 들기도 했다.

하지만 폐단도 있었다. 할머니 집에 가면 아이들이 텔레비전에서 헤어 나오질 못한다. 리모컨은 먼저 잡는 사람이 임자요, 절대 내어주지 않는다. 밥을 먹을 때도 리모컨 사수에 목숨을 건다. 빼앗기면 자신이 좋아하는 채널을 놓치기 때문이다. 이러한 폐단이 있기도 하지만 그래도 할머니 집을 매일 가는 것은 아니기에 엄마는 변하지 않는다.

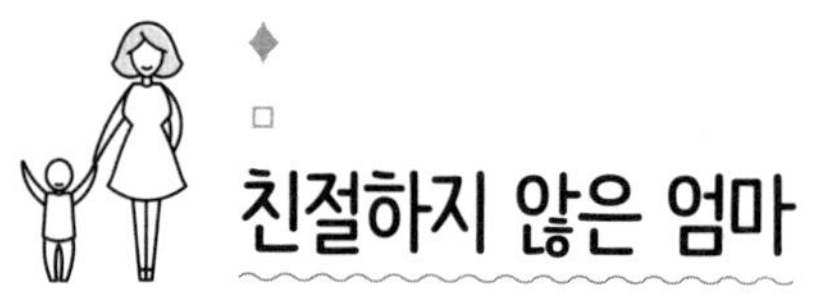 

친절하지 않은 엄마

아이들이 샤워를 혼자 시작한 때는 언제인가요? 정해진 나이가 있는 것은 아니지만 대부분 초등학생이 되어서도 저학년에는 엄마가 씻겨주는 아이들도 대부분이다. 특히 머리를 깨끗하게 헹구지 못하기에 그렇다고 한다.

그렇다. 아이들은 처음부터 잘할 수 없다. 그렇기에 더더욱 혼자 하는 것을 많이 해보아야 한다. 앞서 우리 집 하군이 어릴 때 눈에 물을 닿는 것에 대한 두려움이 있다고 이야기하였다. 그래서 막내는 7개월 때 샤워를 하면서부터 샤워기로 머리에서부터 물을 부어버렸다. 그리고는 얼른 눈에 물을 닦아주고 "까꿍" 하면서 샤워를 시켰다. 그랬더니 별 두려움 없이 샤워하는 것이 아닌가? 둘째는 돌이 지나면서 그렇게 샤워를 시켰다. 그래도 잘 해내었다. 엄마의 두려움이 아이들을 자라지 못하게 하는 것이란 생각을 그때 난 느꼈다.

아이이기에 놀랄 수 있어! 아이이니까 이런 건 안 돼! 아이이니까 저런 건 안 돼! 라는 관념을 내가 먼저 가지니 정작 할 수 있는 자신도 그 한계를 넘지 못하는 것이다. 하군은 유아 때 움직임이 둔하였다. 걷는 것도 13개월에 걸었다.

보통의 아이들은 첫 돌 전에 대부분 걷는데 조금 늦는 듯하였다. 그런데 지금 생각해 보면 첫아이라 다칠 것을 염려한 엄마가 아이를 그냥 좀 편하게 두지 못했던 것이다. 혹여나 다칠까? 혹여나 넘어질까? 전전긍긍하며 아이를 키운 것이 아이에게 겁을 준 것이다. 그러니 당연히 덥석덥석 하는 것이 없었다.

자장면을 먹어도 난 옷에 묻는 것이 싫어서 집에서 먹일 때는 아이 옷을 벗기고 자장면을 먹였다. 물론 여름이기도 하였지만 지금 생각하면 그것이 뭐라고 묻으면 세탁기 돌리면 될 것을 왜 그리 유난스러웠나 모르겠다. 그렇게 큰아이의 뒤치다꺼리를 하다 보니 밑에 동생들은 기다리지 못하고 자신들이 먼저 숟가락 잡고 묻든지 말든지 그냥 음식을 먹기 시작하였다.

어느 날 남편모임에 아이들을 데리고 놀러 간 적이 있는데 그 당시 막내하딸이 돌 전후였지 싶다. 그런데 난 그 막내는 혼자 먹게 내버려 두고 하군의 밥을 떠먹이고 있었던 것이다. 그걸 바라본 남편이 "왜 막내를 두고 큰애 밥을 떠서 먹이냐?"고 물어본 것이다.

난 그때 깨달았다. 그러고 있는 나의 모습을 말로는 막내는 "떠서 먹여 주는 것 싫어하니까 그렇지. 큰애는 떠먹여주면 잘 먹는단 말이야."라고 이야기하였지만, 순간 내가 무얼 하고 있나 생각하였다. 그러니 하군이 자생력이 약해지고 있는 것이었다. 사실 지금 생각해 보면 하군이 가장 키우기 힘들었는데 그때는 그런 줄 모르고 그냥 아이가 하나이니까 당연히 그런 거라고 생각하며 키웠다.

하군과 다르게 막내하딸은 돌을 지나면서 갑자기 아이가 달라졌다. 자신이 걸어 다니고 몸을 마음대로 쓰니 언니와 오빠를 열심히 따라다니다가 지치면 그 자리에서 잠이 들었다. 소리가 들리다가 조용하면 자신의 침대에 가서 누워 자고 있는 것이다. 이러면서 나는 깨닫기 시작하였다. 아이들은 나쁘지 않다면 그냥 두는 것이 맞았다. 자신이 하고 싶은 것을 하게 두는 것.

난 밥을 할 때 아이가 내 옆에 오면 싱크대 밑에 넣어두었던 계란 바구니와 플라스틱 통 그리고 플라스틱 컵을 내어주었다. 열심히 서로 끼웠다 뺏다 하라고 그렇게 내어주면 아이들은 엄마를 찾지 않고 엄마 옆에서 칭얼대지 않았다. 자신들이 할 것이 있었기에 그랬다. 그렇게 난 아이들에게 모든 것을 대부분 의탁하였다.

갈아입을 옷을 고를 수 없는 나이에는 골라주고 입을 수 있으면 혼자 입도록 내버려 뒀다. 양말도 마찬가지였다. 발 입구까지만 끼워주면 자신들이 신었다. 운동화도 아이들이 혼자 신고 벗기 좋을 것을 구입해 주었고 바지도 고무바지를 주로 입혔다. 그러다 보니 어린이집을 다닐 때에도 옷만 골라주면 아이들은 자신이 옷을 다 입었고 밥도 차려주면 혼자서 알아서 다 먹었다. 딸은 머리만 묶어주면 되었다. 그리고 교회 유치부에 가면 선생님과 함께 예배를 드리고 점심도 같이 먹고 교회 초등학생 언니 오빠를 따라다니면서 놀았다.

그 당시 우리 집은 교회와 아주 근거리에 있어서 교회 아이들과 우

불량엄마의 선택적 교육관

리 아이들은 함께 우리 집에서 노는 경우가 많았다. 그렇게 그날도 아이들끼리 집에서 놀고 난 뒤에 집으로 갔더니 세상에 화장실 앞에 팬티가 있는 것이 아닌가? 확인해 보니 막내가 응가를 조금 하여서 찝찝했던지 팬티를 벗어놓고는 샤워기로 자신의 엉덩이를 씻고는 새 팬티로 갈아입고 아이들과 또 놀고 있었던 것이다. 정확한 나이는 기억나지 않았지만 많아도 4살 정도 되었을 때였다. 다른 아이들은 자신들이 노느라 그렇게 했는지도 몰랐다고 한다.

물론 우리 집은 무엇이든 아이들이 할 수 있도록 손이 닿는 위치에 다 있었다. 그래도 그렇지 어떻게 그랬을까? 당시 엉덩이가 깨끗이 씻겼는지 확인을 했는데 정말 깨끗하게 비누로 씻었다고 하였다. 지금 생각해도 귀엽다. 이렇게 우리 하하하남매는 잘 자라고 있었다.

하하하남매는 가끔씩 큰 소파를 밀어서 아이들만의 텐트를 만든다. 난 도와주지 않는다. 도움을 요청하지 않으면 말이다. 그냥 지켜본다. 그럼 이 아이들은 소파를 혼자서 밀다가 안 되면 둘이서 같이 밀기도 한다. 그렇게 나란히 해두고는 얇은 홑겹이불을 가지고 와서는 텐트를 만들 듯 손잡이나 기둥에 묶는다. 그럼 나름 자신들만의 텐트가 완성된다. 그 안에서 여러 가지 장난감도 가지고 가고, 가베교구도 가지고 가고, 바구니도 가지고 가서 소꿉놀이도 한다. 그러다 밤이 되면 이불도 가지고 가서 덮고 잔다.

이러한 행동들이 나는 너무 좋다. 물론 정리는 자신들의 몫이다. 그래도 이렇게 상상하고 그것을 행동해 보는 것은 아주 좋은 일이다. 나는 거들지 않는다. 그저 조금 더 확장하면 좋겠다 싶을 때만 살짝 한

마디 거들든지 아니면 그냥 둔다. 그렇게 자신들이 꾸민 텐트에서 밤을 보내면 얼마나 행복할까? 그러다 아빠가 거실에 텐트를 가끔 쳐주면 더 기뻐서 난리다. 물론 지켜보는 엄마는 좀 하지 말았으면 하는 마음도 있지만 그것도 그냥 둔다. 대신 이 텐트 정리도 아빠의 몫이다.

어찌 보면 난 가끔 내가 계모인가 할 때도 있다. 이런 나의 행동이 너무 방임주의는 아닌가? 라는 생각을 할 때도 있었다. 하지만 난 아이들이 자발적일 때 창의성이 발달하고 사고의 확장성이 무한해진다고 생각한다. 이러한 나름 작은 프로젝트를 자신들이 진행하고 성취할 때마다 자아존중감이 높아지는 것이지 않겠는가? 엄마는 그저 마음을 편히 하고 기다리면 되는 것. 재촉하지 말고 묵묵히 바라보는 것. 이것이 내가 해야 하는 역할이다. 매년 할머니 생신이면 인근에 사는 모든 형제들이 모여서 밥을 먹는다. 보통 저녁을 함께 먹는데 그럴 때마다 난 항상 아이들을 데리고 가서 할머니 선물을 사게 한다. 처음에는 내가 정해주었다. 한 명은 팬티, 한 명은 런닝, 한 명은 양말 이렇게 정해주어서 선물을 하나씩 사 가지고 포장해서 가지고 간다. 물론 엄마인 나는 용돈을 준비해서 간다.

이렇게 하는 이유는 두 가지 목적이 있다. 첫째는 아이들이 할머니를 생각하는 마음을 심어주기 위함이요. 둘째는 할머니가 아이들을 칭찬해주실만한 꺼리를 만들어 드리는 것이다. 우리 시어머니세대는 칭찬에 인색한 세대이다. 그러니 아이가 예뻐도 "왜 이리 못 났노!" 그러시고 잘하라는 표현을 "그렇게 하면 안 되지!"라고 표현하신다. 마음으로는 사랑하지만, 말씀은 그렇지 않게 표현하는 경우가 많으시다. 하지만 이러한 행동을 하면 아이들은 할머니 생신을 기억할 것이며 할머니 또한 "이 어린것들이 사왔나 고맙다."라고 인사하신다. 난 이런 모습이 좋다.

어릴 때에는 내가 아이들을 데리고 가서 사가지고 왔지만, 어느 정도 크고 나서는 아이들끼리만 보낸다. 할머니 선물을 사오라고 그럼 자신들이 돈을 들고 가서 알아서 물건들을 사온다. 그럼 마음에 드실 때도 있고 때론 아닐 때도 있다. 하지만 할머니는 그 마음을 귀하게 받아주신다. 그렇게 세월이 흘러 챙긴 지 벌써 10년이 넘었다. 할머니의 우리 하하하남매의 사랑은 특별하다. 그중에서도 하군에 대한 사랑은 특별하다. 아들 여섯을 두셨지만, 손자 손녀 12명 가운데 아들은 딱 둘. 그중 한 명은 장성하였고 한 명이 우리 하군이다. 그러니 얼마나 좋아하시겠는가? 그런 마음을 알기에 할머니 댁에 심부름을 보낼 때는 꼭 하군을 보낸다.

엄마는 먼저 해주는 법이 없다. 지금도 마찬가지이다. 알아서 해주는 것은 아무것도 없다. 그렇기에 지금의 자신의 모습을 찾아가고 있는 건 아닌가 생각해본다. 아이들은 친절히 알아서 서비스해주는 부모를 바랄 수도 있다. 하지만 사람이 답이라는 사고를 가진 엄마는 더욱더 친절하지 않으려 노력한다. 그래야 그들이 스스로 할 수 있는 역량이 커지리라는 굳건한 믿음과 신념을 갖고 있기 때문이다.

# 버텨내는 힘

　요즘은 이런 이야기를 들어본 적이 있는가? 지금 아이들은 '스마트 원주민'이고 어른들은 '스마트이주민'이라는 말. 요즘 아기들은 어려도 핸드폰을 엄청 잘 사용한다. 이것이 배우는 것이 아닌 그냥 자연스럽게 알게 되는 것이다.

　우리 하군이 아기일 때는 아직 폴더 폰에서 넘어가고 있는 시대라서 처음 아이가 전화를 아빠에게 걸면 "와~~ 잘한다."라고 이야기했던 것이 생각난다. 이렇게 태어나면서부터 울면 엄마가 반응하고 또 자주 보는 스마트폰도 누르기만 하면 반응한다. 그러다 내가 원하는 것이 안 나오면 또 울고. 울면 엄마가 어느새 빨리 유튜브 채널 중에서 아기가 좋아하는 채널을 맞추어 준다. 그러니 기다릴 필요가 없는 것이다. 또 자라면서 아이들이 부끄러운 일, 좀 속상한 일 등이 발생한다. 그럼 엄마에게 이야기하고, 이야기하는 것은 아주 좋은 반응이다. 하지만 자신이 버텨내는 힘을 엄마에게서 채움을 받기 위해서 이야기를 하는 것인데 보통 엄마들은 한술 더 떠 자신들이 나서서 해결해 버린다. 그러니 아이는 해결할 기회가 빼앗기게 된다. 그럼 다음부터 일이 생길 때마다 "엄마가 해결해줘!"라고 이야기하게 된다. 그러면 엄마는 그것이 엄마의 역할인 것처럼 나서서 우리 아이의 모든 일은 내가 다 해결해 주겠어! 라며 나서게 된다.

이러한 일을 반복적으로 해온 엄마가 아이들이 자라서 대학을 가면 이렇게 이야기한다고 한다. "이제 어른이니까 네가 알아서 하렴." 한 번도 스스로 해본 적 없는 아이가 갑자기 어른이 될 수는 없는 일이다.

요즘에는 대학을 입학해도 전공을 정해주고 학기강의 스케줄을 짜서 등록하는 것도 엄마가 해주는 시대라고 한다. 엄마들은 생각해보아야 한다. 진정 언제까지 다 해줄 수 있는지 말이다. 자녀가 성장해가면서 엄마도 함께 성장하여야 한다. 아이가 초등일 때 초등의 모습, 중등일 때는 중등의 모습, 고등일 때는 고등의 모습, 그리고 어른이 되는 시점인 대학생 아니면 사회초년생이 되면 그 시점의 모습으로 자녀만 부모에게서 독립하는 것이 아닌 엄마도 자녀로부터 독립해야 한다. 그리고 서로를 지지해주고 부족한 부분은 채워가면서 함께 살아갈 수 있는 것이다.

둘째 하딸이 6학년 때의 일이다. 1 : 다른 반 이렇게 대립했던 구도가 있었다고 한다. 사건의 시작은 체육 시간, 피구를 할 때였다. 운동을 좋아하기도 하고 잘하기도 하는 둘째는 운동을 할 때 열심히 한다. 그러니 공의 세기와 속도가 엄청 빨라 여자 친구들이 공을 잡아내기는 힘든 모양이다. 한 친구가 공에 맞아 아픔을 호소하는 친구가 발생했고 사과를 했다고 한다. 그런데 그 반 아이들과 자신의 반 아이들도 "공을 왜 그렇게 세게 던져?"라고 하딸을 다그쳤나 보다.

앞에서도 언급을 많이 했지만 하딸은 마음은 여리고 정의로운데 표현하는 것이 세련되지 못하고 조금 크게 표현한다. 그러다 보니 자신이 사과를 하였다. 그리고 "어떻게 경기를 하는데 어떻게 공을 세게 던지지 않느냐."는 등 자신의 이야기를 하였지만, 그 표현이 조금 과했던 것 같다. 정황을 들어보고 하딸을 예상해보건대 그러다 보니 아이가 더 몰리게 된 것 같다.

상대편 여자아이는 외적으로도 여린 친구인데 하딸은 운동을 하다 보니 탄탄한 체구를 가지고 있다. 그렇게 시작된 일이 쉽게 잘 정리가 되지 않았던 것 같고 그러면서 상대편이었던 다른 반 아이들이 쉬는 시간마다 아이를 찾아오고 또 그 친구랑 친한 같은 반 친구도 상대편을 드니 딸아이는 마음이 너무 힘들었던 것이다. 그러다 그 일이 더 커져서 상대편 담임선생님도 알게 되셔서 하딸을 부르셨다.

선생님과 평소 친분이 있던 아이는 가서 상황을 있는 그대로 설명하고 그동안 아이들이 자신을 힘들게 한 부분까지 이야기를 다 했다. 선생님께서는 도리어 하딸을 위로하면서 "힘들었겠다."라고 하시면서 돌아가라고 했고 그렇게 그 사건은 종료되었다. 그동안 몇 날 며칠을 딸아이가 얼마나 힘들었을까? 학교가 얼마나 가기 싫었을까 싶지만 나는 요동하지 않았다.

처음 이야기를 들을 때도 "그랬구나! 힘들었겠구나! 그래서 어떻게 했어? 그랬구나! 잘 이겨냈구나!" 그러면서 "우리 딸이 단단해지겠구

나. 지금 그 일은 너를 단단하게 만들기 위해 하나님께서 주신 시련일 거야! 왜냐면 하나님은 너를 사랑하시니까 사랑하는 자녀에게 시련을 주시거든. 그렇게 하루씩 힘을 주고 학교는 갈 수 있겠니?"라고 물으면 당연히 "가야지! 내가 잘못한 것이 아니잖아!" 그리고 아이들이 힘들게 하면 어떻게 할 건지 물어보니 "그냥 책 보면 돼! 난 책 좋아하니까."라며 씩씩하게 대답했다.

그렇게 하루를 보내고 다시 돌아오면 또 힘을 주고 학교로 보내고 하는 일들을 반복했다. 그렇게 며칠이 지나니 아이의 얼굴이 다시 밝아졌다. 일들이 해결된 것이다. 그러면서 아이는 더 단단해졌다. 하지만 이 과정을 겪으며 울 때도 있었다. 그럴 때는 상대방 아이 욕(?)도 아주 조금 했다. 그렇게 하딸은 한 뼘 더 자랐다.

이 아이도 어렸을 때는 낯선 곳에 가는 것을 싫어하고 조금만 상황이 자신에게 불편하면 하지 않는 성향을 가지고 있다. 이러한 모습은 나를 닮아서 그런 듯하다. 내가 그랬다. 어느 곳이든 자신이 편하게 있을 수 있는 곳만 가고 마음이나 상황이 불편하면 아예 자리를 회피하는 그러한 습성을 가지고 있었다.

남편의 회사 회식도 가기 싫다고 징징거리고 친구모임도 가기 싫다고 징징거려서 남편을 곤란하게 하고 힘들게 하였다. 이것이 얼마나 내가 연약하고 제대로 성장하지 못한 모습인지를 잘 아는 난 우리 아이들에게 버텨내는 힘인 마음근육을 단단히 해주고 싶었다.

특별히 하딸은 성향이 털털한 성격이라 여자 친구들에게 공격을 많이 당했다. 6학년쯤 되니까 반 안에서도 사귀는 아이들이 많았는데 친구의 남자친구가 우리 딸과 축구를 하고 있으면 아이들이 그렇게 이야기를 한다고 했다. "쟤는 왜 내 남자친구랑 친하게 지내는데? 왜 꼬리 치는데."라고. 얼마나 상처가 되었겠는가? 단지 운동을 좋아하기에 어울려 노는 것일 뿐인데 이 행동으로 질타를 받게 되니 말이다. 그러니 자신이 마음근육이 단단하지 않고서는 버텨낼 힘이 부족하니 계속 근육강화운동을 해야 했다.

힘들어하는 아이를 지켜보는 엄마에게도 먼저 나서지 않는 인내가 필요하다. 스스로 헤쳐가고 이겨내고 버텨내는 힘. 서두에 스마트폰을 이야기한 이유가 여기에 있다. 모든 것이 빠르게 움직이고 반응하는 현시대에서도 우리가 달라지지 않는 것은 사람과 사람 사이의 관계이다.

나와 잘 맞는 사람도 있겠지만 모든 사람이 그렇지는 않다. 사회에서 나에게 좋은 상황, 내가 좋아하는 사람들과만 관계를 맺을 수만은 없다.

현재 학교를 안 다니는 아이들이 엄청나게 많이 있다. 물론 다니지 않는 것이 잘못되었다고만 이야기하는 것은 아니다. 자신의 선택한 진로와 학교의 교육방향이 달라서 안 가는 것은 박수를 쳐주어야 하는 것이 맞다.

하지만 학교를 안 가는 이유가 친구들 사이에서 혹은 선생님과의 관계에서 시련이 생겨서 그런 것이라면 그 가운데에서도 견뎌내고 버텨내는 힘과 근력이 필요한 건 아닌가 생각하여 본다.

엄마에게도 아이를 바라보면서 버텨내는 힘이 꼭 필요하겠지만 말이다.

가정의 키는 엄마이다. 현 우리나라에서는 대부분 경제권이라든지 가정에서의 결정권을 엄마가 가지고 있는 경우가 많다. 그러니 가정에서 엄마에게 주어진 중요한 권한이 많다. 엄마가 어떻게 하느냐에 따라 가정의 분위기와 화목이 시작된다.

내가 늘 사용하는 문구가 하나 있다. '남편은 싸우는 대상이 아니라 꼬시는 대상'이라고. 그리고 '아이들은 기다림의 대상'이라고. 아이들은 기다려주어야 한다. 그 아이가 스스로 할 수 있을 그때를 말이다! 그리고 그 순간을 포착해서 폭풍칭찬을 해주어야 한다.

"네가 너무 자랑스럽다. 엄마는 네가 해낼 줄 알고 있었어. 역시 너는 내공이 있구나!"

또한 실패할 때도 있다. 그럼 위로해 주어야 한다.

"힘들었지! 수고했어! 열심히 하는 너의 모습에 엄마는 감동받았단다! 괜찮아!"

그렇게 하루를 쌓고 이틀을 쌓아내다 보면 우리 아이들이 단단하고 든든하게 자라나 있는 것 아니겠는가?

교육에 관계되시는 많은 분들이 4차 산업혁명시대에 인재상이라든지 또는 아이들이 갖추어야 할 능력에 대하여 이야기를 한다. 창의성, 협업능력, 문제해결 능력 등등을 꼽는데 내가 생각하는 관점에서는 버텨내는 힘이 가장 중요하다고 생각한다. 이 모든 것이 혼자 하는 것이 아니라 함께하는 것이기 때문이다.

함께 무언가를 진행하다 보면 갈등은 꼭 발생한다. 갈등상황이 없을 수가 없다. 서로 다른 사람들이 모여서 프로젝트를 진행하기에 너무도 당연하다.

　그럴 때 나와 다른 상대를 수용하는 마인드는 필수다. 나와 다른 것을 받아들일 때는 분명 마음속에 내적 갈등이 일어난다. 그러나 그런 상황에서 회피하지 않고 버텨내고 서로 조율하면서 진행하는 것이 현시대에 꼭 필요한 덕목이다.

　글을 쓰고 있는 이 순간에도 서도 다른 아이들은 분주하게 자신의 것들을 준비해서 등교한다. 아침밥을 먹겠다는 아이는 밥을 주고 과일을 먹겠다는 아이는 과일을 주고 먹지 않겠다는 아이는 사과즙을 하나 먹여 보낸다. 오늘도 자신의 자리에서 잘 버텨내었다가 돌아오기를 바라면서.

# 순서와 상관없는 삶

나는 에니어그램에서 말하는 장형기질을 가진 사람이다. 방법과 절차를 중요하게 여긴다. 그래서 어떻게 할 거야? 라는 질문을 많이 한다. 상대방이 어떤 계획을 가지고 있는지가 궁금하기 때문이다. 그러나 가슴형인 사람은 이런 것이 없다. 그저 자신의 마음만 이야기한다. 예전에는 이러한 사람의 성향을 알지 못하였기에 힘든 부분이 많았다. '저 사람은 왜 저럴까? 나는 왜 이럴까? 어떻게 저럴 수 있을까?'라는 생각이 나를 힘들게 하였다. 세월이 흐른 지금은 '다 그럴 수 있지!'로 통일되었다. 이것이 세월이 지나며 쌓인 지혜가 아닌가 하고 생각해 본다.

내가 아이를 키울 때도 어른들은 나에게 이런 말씀을 많이 하셨다. "애들이 좀 그래도 괜찮다!"라는 말씀들을 하셨는데 그때는 공감하지 못하였다. 책에서 이렇게 이야기하고 있는데 옛 어른들은 그것을 모르고 아이들을 키우셔서 그렇지 요새는 안 그렇다고 말이다. 그러나 어른들의 삶에서 나오는 지혜의 말씀들이었다.

정말 애들은 좀 그래도 괜찮은 것이다. 아이이기 때문이다. 아기가 태어나서 100일쯤 걷고 뒤집고 배밀이하고 앉고 기어 다니고 잡고서고 홀로 섰다가 걷는다. 이건 표준화된 과정이다.

하지만 어디 아이들이 이렇게만 크는가? 어떤 아이는 배밀이만 하다가 바로 서는 아이도 있고 갑자기 한 세 단계를 한 번에 하는 아이도 있고 서기는 하는데 걷는 데 한참 걸리는 아이도 있다. 이것은 지극히 개인적이다.

우리 대한민국 엄마는 '제때'라는 말을 많이 쓴다. 나 또한 예외일 수 없다. 그래서 가장 많이 쓰는 말이 공부도 때가 있다. 학생 때 열심히 해라! 라는 말을 정말 누구나 다 쓴다. 난 학교 다닐 때 지지리도 공부를 못하였다. 학년등수가 거의 꼴찌에 가까웠다. 시험에 대한 개념이 없었다는 것이 맞을 것이다. 그때는 책도 안 읽으니 아는 것이 거의 백지라고 보아도 과언이 아니다.

현재 우리 아이들과의 차이라면 이것이지 않을까 생각한다. 나도 공부를 안 하고 하하하남매도 공부를 안 하지만 그 책의 글 밥이 얼마나 채워져 있느냐가 자신의 지식의 정도를 나타내는 것 같다. 난 책도 안 읽고 공부도 안 하니 어찌 지식이 있으며 지혜가 있었겠는가? 그렇게 세월을 보내다가 결혼 후에 '아~ 공부를 하고 책을 읽어야 하는구나!'를 깨달아 늦은 나이에 온라인으로 한국평생교육원에서 학사 학위를 취득하였다.

아이를 키우면서 독서를 해야 하는 것을 깨달아 혼자서 조금씩 근력을 키우며 읽어오다가 현재는 독서모임을 만들어 운영하고 있다. 그

불량엄마의 선택적 교육관

러니 나는 사람들이 사회가 말하는 그 제때와는 아주 거리가 먼 삶을 살아가고 있는 것이다.

지금은 누구와 이야기하여도 내가 대학을 나오지 못했다고는 아무도 생각하지 않는다. 물론 학위가 사람의 지적 수준을 나타내는 척도는 아니지만 쉽게 이해를 돕기 위한 표현일 뿐임을 이해하기 바란다. 그렇다. 때는 사람마다 다른 것. 순서도 사람마다 다른 것. 현재 청년들이 가장 듣기 싫은 말은 결혼할 나이가 되었는데 왜 안 하느냐? 취직할 나이가 되었는데 왜 안 하느냐?

그런 나이의 기준은 누가 정하는 것인가? 20살에 결혼할 수도 있고 40살에 결혼할 수도 있다. 그러니 우리 아이들이 지금 좀 공부하지 않는다고 너무 마음에 초조함을 가질 필요는 없다. 생각보다 아이들은 하라고 하면 하지 않고, 하지 말라고 하면 하는 청개구리 심리가 있다.

우리 집은 남자친구, 여자친구 사귀는 것을 적극 장려한다. 그러나 아무도 안 사귄다. 여기서 잠깐 나름 아이들이 외적인 부분이 괜찮음을 알려드립니다. 아이들은 이러한 부분이 남자친구, 여자친구를 사귀는 기준이기 때문에 이야기하는 것이다. 그런데 아무도 사귀질 않는다. 그냥 별로 필요치 않다는 것이다. 엄마가 볼 때는 아들은 정말 필요한데 말이다.

화장하는 것도 나는 적극 장려한다. 대신 학생에게 어울리는 화장법을 좀 알려준다. 옷도 그러하며 따로 설명한다. 왜 아이들이 너무 옷을 무분별하게 입고 다니면 안 되는지를 알려준다.

물론 '학생이기에 지켜라!' 라는 것보다 여자이고 또한 체형에 어울리는 표현법을 알려준다. 헤어도 마찬가지이다. 자신들에게 어울리는 헤어를 할 수 있도록 여러 가지 헤어연출법 또는 묶는 법을 알려준다.

그러다 보니 과하진 않는 선에서 자신들이 꾸미고 챙겨 입고 한다. 이것이 필요하지 않을까? 어른이 될 때까지 화장은 하면 안 되는가? 예뻐지고 싶은데 화장하는 것이 피부 때문에 걱정이라면 세안을 꼼꼼히 하는 법을 알려주면 되는 것이 아닌가? 치마를 짧은 것을 입고 싶다면 속바지를 왜 꼭 챙겨 입어야 하는지를 알려주면 되는 것이 아닌가? 이런 질문을 하고 싶다.

요즘은 사춘기가 빨리 온다고 하는데 실제로 초등 고학년이 되면 아이들은 어른들이 하는 것을 따라 하고 싶어 하며 궁금해한다. 성적인 호기심이 발달하고 어른들의 하는 행동 하나하나에 관심을 가진다. 궁금해하는 것은 너무나도 당연하고 좋은 관심이다. 이때 적절한 채움의 영양분을 받으면 아이들은 바르게 자라날 힘이 생긴다. 우리는 너무 감추고 가리고 산다. 아이들은 돈도 일찍 알면 안 되고 학생이 어른처럼 행동해도 안 되고, 그렇게 행동하면 애들이 벌써 뭘 그러냐며 핀잔을 주기 일쑤이다. 우리를 한번 돌아보라. 어렸을 때 얼마나 어른이 되고 싶었는지를.

어른이 되면 무엇이든지 할 수 있을 것 같고 엄마와 아빠의 구속에서도 벗어날 수 있으니 얼마나 자유로워 보이는가? 그러니 아이들은 어른이 되고 싶어 한다. 하지만 그들은 또 알지 못하는 부분도 있다. 어른이 되면 책임져야 할 부분이 많이 있다는 것을.

불량엄마의 선택적 교육관

우리 하군은 어른이 되는 것이 싫다고 한다. 책임져야 하는 것이 많기에 그렇다고 한다. 이 또한 엄마의 숙제이다. 너무 책임소재에 대한 부분을 너무 강조하였나? 하는 생각에 미안한 마음이 든다. 아이들은 다 각각의 객체로 기질과 생각이 다르다. 그러니 어찌 계획한 순서대로 자라겠는가? 인생이 그렇지 않은가? 내가 예상한 대로 흘러가지 않는 것을 누구나 공감할 것이다.

요즘 우리 집 아이들에게 엄마가 집중하는 것은 악기이다. 우리 가정은 교회를 다니기에 중학생이 되면 학생들이 직접 메인건반과 드럼, 베이스, 일렉기타를 치면서 찬양을 한다. 물론 찬양팀 리더도 학생이다. 중학생이 되어서 바로 찬양팀을 섬기게 되면 대부분의 아이들이 그 안에서 자신의 역할을 잘해낸다. 약 7년간을 중고등부 교사와 부장을 하면서 내가 알게 된 영역이다. 그렇기에 아이들이 악기를 배울 수 있도록 기회를 주려고 노력한다.

이번에 하군이 아직 어리지만 찬양팀 리더를 맞게 되었다. 그러면서 우리 하군이 한 행동은 바로 실용음악학원에 가서 보컬을 수강한 것이다. 자신의 부족을 알고 취한 행동인 것이다. 또 이때를 놓치지 않고 폭풍칭찬을 해주었다.

우리 아이들은 학교에서 그렇게 두각을 나타내지는 않는다. 아직 학교는 성적중심이기에 그렇기도 하고 학교에서의 자신의 역할을 친구들과 잘 놀고 오는 것이라고 생각하는 듯하다. 물론 말로는 공부도 한다고 하나 그것은 수업시간에 졸지 않고 수업을 집중해서 듣는 태도가 있는 정도이다.

그렇다. 아이들은 자신의 자리와 역할이 생기면 집중한다. 그것은 학교도 좋을 것이고 교회도 좋을 것이며 다른 어느 타 기관도 괜찮다. 그 아이의 특성에 맞는 역할이 주어지면 아이들은 해내려 하는 의지를 보인다.

그때 엄마가 해주어야 할 역할은 이것이다. 연령에 맞는 학습 과정에 집중하는 것이 아니라 그 아이들의 특성에 맞는 자리를 찾아주는 것. 그 아이의 기질과 강점에 맞는 자리를 마련해 주는 것. 또한 그러한 것이 없다면 그러한 것을 찾아볼 수 있는 기회를 주는 것. 그것이 내가 해야 할 역할이다.

우리 가정은 청소년기의 아이들이 3명이나 있지만, 교육비 지출 1순위는 엄마인 나이다. 이제야 학구열에 불타 이것저것 배우러 다니느라, 그리고 책을 읽느라 책값도 지출하고 뭐 어떠한가? 인생은 계획대로 되지 않는 것을 그렇기에 또 훨씬 더 흥미진진한 것 아니겠는가? 우리 자신을 너무 옥죄지 않았으면 좋겠다. 그리고 엄마들도 제2의 자신의 삶을 준비하였으면 좋겠다.

아이들이 자라듯이 나도 함께 자라서 아이들이 독립할 때 엄마인 나도 나라는 한 명의 객체로 올바르게 세워지는 것이다. 아이와 함께 세상사는 이야기도 하고 혼자 독립하여 사회에 부딪히면서 또 깨달아 가는 것들을 공유하는 관계가 되는 것. 엄마와 자녀이지만 사회에서는 어엿한 한 명 한 명의 사회인으로서 자신의 몫을 감당하는 사람. 얼마나 멋진가? 생각만 해도 뿌듯해지는 것은 나 혼자만은 아닐 것이라 믿는다. 서로에게 힘이 되고 의지가 되는 가족. 가장 이상적인 가족의 모습이 아니겠는가? 나는 오늘도 그러한 가족을 꿈꾸며 하루를 시작한다.

    화목한 가정은 원래 있는 것이 아니라 만들어 가는 것이다. 부모만 힘을 다하여서도 안 되고 아이만 노력을 다하여서도 안 된다. 항상 부족하니 함께 서로 채워줌으로 화목한 가정을 만들어가는 것이다. 성경에서 말하듯 자녀는 하나님의 기업이라 하였다. 나 또한 우리 부모의 기업이다. 그 기업을 잘 운영하기 위해서는 사장도 직원도 모두가 한마음이어야 함을 잊지 말아야 할 것이다.

자기 자리에서 빛나기

　보석은 자신만의 빛을 가지고 있다. 아무리 진흙 속에 있어도 그 보석의 빛은 사라지지 않는다. 어두움이 내려앉으면 더욱더 빛을 발한다. 그렇다. 자신의 빛을 가지는 것이 중요하다. 누구도 아닌 나만의 빛이 있어야 한다. 그곳에서 반짝반짝 빛나야 한다. 자신이 있는 곳에서 말이다.

　그 빛은 어떻게 발하는 것일까? 우리가 잘 알고 있는 보석 중 다이아몬드가 있지 않은가? 그 다이아몬드 원석도 빛을 발하려면 갈고 닦아야 한다. 하지만 일반 돌과 보석의 원석은 처음부터 가진 인자는 다르다. 나도 그렇다. 나만의 빛을 가지고 있지만 갈고 닦아야 보이는 것이다. 그 인자가 무엇인지를 찾는 것이 선행되어야 한다.

　난 호기심이 많다. 배우는 것을 즐기고 또 직접 해보는 것을 좋아한다. 하지만 지속해서 하는 것은 별로 없다. 나에게 지속하기란 등반하지 못하는 에베레스트 산과도 같다. 그런 내가 그래도 지속하는 것이 하나 있다. 엄마이다. 물론 피식 웃을 수도 있다. 하지만 정말 엄마는 지속할 수 있는 것 중 유일한 것이었다.

아내도 그만두고 싶을 때가 온 적이 있다. 하지만 아내를 그만두면 엄마를 하기에 최적의 요건인 아빠가 사라지기에 그만두지 못하였다. 어느 부부나 마찬가지이지만 어려운 시기는 다 있는 법. 이 이야기는 다시 하기로 하고 그렇게 나는 엄마를 지속하고 있다. 그러면서 성장하고 있다. 그러면서 빛을 찾았다. 엄마의 역할을 잘하고 싶어 하는 나. 물론 모든 엄마들의 마음도 그러할 것이다.

나는 부모교육에 관심이 많다. 내가 바로 서고 싶었기에 가졌던 관심이 이제는 '나의 제2의 인생이 될 수 있겠구나.'까지 발전하였다. 이것이 내가 가진 빛이다. 난 정말 무지한 엄마였다. 아이 목욕하나도 제대로 시키지 못하여 남편에게 미루어버리는 무책임한 엄마였다. 내가 하지 못하면 회피해버리는 그런 엄마. 그런 내가 부모교육을 한다.

이건 정말 엄청난 발전인 것이다. 이것이 자기 자리에서 빛나는 것이 아니겠는가? 앞에서도 여러 번 말했지만, 우리 하군은 특별한 달란트를 아직 찾지 못하였다.

그러던 작년 크리스마스에 '무언극'을 할 기회가 생겼다. 아들의 그런 모습을 한 번도 본 적이 없었고 그런 달란트가 있다는 생각을 해 본 적이 없었다. 이런 무지한 엄마의 모습을 또 한 번 보았다.

그런데 무언극 주인공을 맡았던 아이가 자전거를 타고 교회에 오다가 사고가 난 것이 아닌가? 감사하게도 큰 사고가 아니어서 수술하거나 하지는 않았지만, 깁스를 해야 하는 상황. 그러니 어쩌겠는가? 당장 공연은 이틀 후였고 모든 아이들이 맡은 역할이 2개였는데 자신만

1개를 하고 있어서 어쩔 수 없이 맡게 된 배역 주인공. 그러나 당일 공연을 보고 우리는 놀라지 않을 수가 없었다. 물론 엄마인 나에게 만 그렇게 보일 수 있으나 대부분의 성도들의 평가도 다르지 않았다. 드디어 하나의 달란트를 발견한 것이다. 자신만의 빛을 발할 수 있는 부분의 인자를.

그러면서 세월아 네월아 하면서 1년을 기타학원 다녔던 것이 빛을 내기 시작했다. 찬양팀 기타로 들어간 것이 아닌가? 그러면서 자연스럽게 통기타에서 베이스기타로 넘어가서 지금은 찬양팀 리더로 섬기고 다른 찬양팀 베이스 기타를 치고 있다. 이것이 이 아이가 찾은 빛이다. 자신이 있는 그 자리에서 자신의 빛으로 빛을 내기 시작하였다.

그럼 엄마는 무엇을 할 수 있겠는가? 보석은 누구의 손가락에 있느냐 혹은 누구의 목에 있느냐에 따라서 달라진다. 여왕의 목에 있으면 여왕의 목걸이가 되고 나의 목에 있으면 그냥 나의 목걸이가 된다. 그러니 그 보석의 빛을 더 발할 수 있는 곳으로 자리를 옮겨주면 된다. 그럼 그곳에서도 반짝반짝 빛날 것이다.

엄마는 그런 기회를 주는 사람. 그럼 기회를 가질 수 있도록 코칭해 주는 것이 내가 나의 빛을 발하는 것이다. 어떠한가? 자신의 빛을 찾았는가? 아니면 아이의 빛을 찾아가는 중인가?

우리 막내하딸은 요즘 고민이 많다. 우리 집 두 딸은 음악이 나오면 몸이 자연적으로 움직인다. 사실 이런 인자는 엄마의 것이다. 잘 추지 못하지만 춤추는 것을 좋아하는 나는 음악이 흘러나오면 몸이 절로 움직인다. 길을 가다가도 흔들고 앉아있어도 발을 까딱거린다든지 무엇이든 난 음악에 몸을 맞추고 있다는 표현을 한 것이다. 그러니 두 딸들도 피는 못 속이는지 어디서든 음악이 흘러나오면 그 음악에 몸을 맞춘다. 춤은 언니가 훨씬 더 잘 춘다. 몸으로 표현하는 그 필(feel)이 남다르다. 막내는 그저 언니를 따라하는 정도이지 그 느낌은 나지 않는다. 그렇게 자신의 빛은 가려져 있었다.

6학년이 되면서 뒤늦게 들어간 극동방송합창단에서 빛을 발하기 시작하였다. 뒤에 들어가면서도 감사하게 포인트 안무를 몇 개나 하게 되었는데 지도하시는 안무선생님께서 물어보셨다. "무용을 배운 적이 있느냐?"라고. 그때 막내는 "유치원 때 조금 배웠는데요!"라고 모든 딸 가진 부모가 다 시켰을 문화센터 발레수업을 이야기하였다. 그런 막내를 보고 안무선생님께서 "그런 거 말고 따로 정말 조금 커서 배운 것이 있느냐?"라고 물어보신 것이다. "아니요!"라고 대답을 하고 엄마인 나에게도 물어보신다. "없다."고 이야기하였더니 선생님께서 "이 아이는 무용을 배운 것처럼 안무를 한다. 이것은 정말 큰 달란트인데!"라고 말이다. 그러고도 우리는 그냥 흘려보냈다. 그리고 다른 합창단 엄마들과 볼일들이 있어 만나고 하면 막내는 딱 봐도 무용할 몸매인데 왜 시키지 않느냐고 이야기를 하신다.

어쩜 이리도 엄마가 무뎠을까? 난 그저 언니 뒤에서 춤만 조금 따라 하는 아이 정도로 생각하였다. 그러나 아직도 우리 막내는 결정을 못 지은 상태이다. 나 또한 아직 어찌할지는 모르는 상태이다. 내가 결정할 수 있는 것이 아니니.

그렇다. 자신이 있는 그 자리에서 자신의 빛을 반짝반짝 빛내고 있으면 언젠가는 그 빛은 발견되기 마련이다. 우리는 여기서 생각해 볼 수 있는 것은 태도이다. 얼마나 자신이 있는 그 자리에서 어떠한 태도를 취하고 있는가 하는 것이다.

엄마인 내가 내 자리에서 '이거 별거 아닌데 대충해야지.'라고 하였다면 난 성장이란 것이 없었을 것이다. 큰아이도 자신의 시간과 노력을 들이는 태도가 없었다면 성장이 있었을까? 막내도 마찬가지다. 포인트 안무를 그저 대충 하였다면 그런 모습이 포착되었을까?

우리 둘째는 춤을 잘 춘다. 그리고 듣는 귀가 발달했다. 리듬감이 좋은 것이다. 그러나 아직 빛을 발할 기회를 잡지 못하였다. 하지만 주어진 역할이 있다면 분명 잘해내리라는 엄마의 믿음이 있다. 그래서 열심히 집에서 연습한다. 댄스 동작을 따고 연습하고를 반복한다. 집이 넓지 않아서 옥상에 올라가서 연습을 하기도 한다. 그렇게 자신의 빛을 발하기 위하여 갈고 닦고 있으면 기회는 찾아오지 않겠는가? 그러니 우리는 내가 있는 그곳에서 빛을 발하여야 한다.

여기서 또 하나 놓치지 말아야 할 것은 절대 누가 시켜서 하는 것은 자신의 것이 될 수 없을 것이다. 장을 열어주는 것은 부모가 할 수 있는 역할이다. 하지만 등이 떠밀려서는 안 될 것이다. 문고리는 자신이 열어야 임하는 태도가 달라질 수 있다.

우리도 그렇지 아니한가? 명절이 되거나 시댁에 행사가 있어서 무언가 며느리로서 준비하고 나름대로 계획한 것이 있는데 남편이 와서 막 어떻게 할 것인지 먼저 막 나서서 이야기하고 준비하면 괜히 하기 싫어지고 마음이 사라지는 경험을 해보았을 것이다.

아이들도 마찬가지이다. 스스로 관심이 생기고 알아보고 챙겨보고 해보는 경험들이 있어야 지속하는 힘이 있을 것이다. 무엇이든 세월을 넣지 않으면 완성작이 될 수가 없는 것 아니겠는가? 1만 시간의 법칙을 아는가? 하루에 3시간 10년이면 그 분야에서 전문가가 된다고. 그러기 위해서는 자발성이 꼭 뒷받침이 되어야 할 것이다. 아이도 어른도 자발성이 결여된다면 목줄에 메여 끌려가는 소와 다를 것이 없다. 그것은 빛을 발한다 할 수 없을 것이다.

아무리 빛이 난다고 가짜보석이 진짜 보석이 될 수는 없는 법. 처음에는 구별이 되지 않으나 시간이 흐르고 시련이 닥치면 드러나는 법이다. 내공을 쌓을 시간이 필요하다. 힘들어 지칠 때도 있을 것이다. 넘어져 일어서기 힘들 때도 있을 것이다. 하지만 내가 있는 이곳이 나의 빛을 발할 최적인 곳이라 생각하고 임하는 태도를 취한다면 언젠간 어둠 속에서 발견된 한 알의 보석처럼 자신만의 색을 가진 빛을 발하게 될 것이다.

기다리자! 기다려주자! 나도 기다려주고 아이도 기다려주자! 그때를 그 시점을. 우리는 알지 못한다. 언제가 적정의 때이고 시점인지. 엄마가 정한 때와 사회가 정한 때를 따르지 말자. 아이들 자신이 발견할 수 있는 그때를 기다려주자. 그렇게 자신의 빛을 찾아가며 빛날 수 있도록 오늘도 격려와 사랑의 말을 아끼지 말자!

바라보며 기다리기

가을이 좋은 아침이다! 가을만 되면 너무나도 아름다운 단풍사진을 SNS 어디에서나 볼 수 있다. 그러나 그 가을을 느끼려면 밖으로 나가야 한다. 그래야 흩날리는 단풍잎도 만질 수 있고 떨어지는 낙엽도 밟을 수 있으며 분위기 있는 가을 스카프도 두를 수 있다.

이런 가을엔 전망이 좋은 커피숍에서 누군가를 기다리는 마음은 행복하다. 조금 늦어도 상관이 없다. 난 그저 행복을 누리며 차를 마실 뿐이다. 조급함 또한 없다. 왜? 아직 오지 못할 아무런 연락을 받은 것이 없기 때문이다. 그렇게 난 여유롭게 기다릴 수 있다. 왜냐하면, 창밖으로 보이는 가을이 너무 아름답기 때문이다.

우리의 삶도 그러한가? 바라보며 행복해할 수 있는가? 우리는 가끔 현재의 나는 없고 다가올 미래의 꿈만 꿀 때가 있다. 그 미래는 현재가 쌓여서 만들어지는 것인데 말이다. 또 어떨 때는 과거에 얽매여 산다. 그 과거는 현재가 지났을 때 과거가 되는 걸 뻔히 알면서도 말이다. 당신은 현재의 삶을 바라보는가?

불량엄마의 선택적 교육관

이러한 조급증과 불안감은 아이들에게 여실히 전달된다. 우리가 흔히 쓰는 말들 중 '넌 커서 뭐가 되려고 지금 이러는 거야?' 그렇다. 커서 뭐가 될지는 누구도 모른다.

그럼 현재가 모여 나중이 되는 것은 설명해 주었는가? 당연히 아는 것 아닌가요? 아니다. 요즘 아이들은 정말 생각보다 모르는 것이 많다. 또 그렇다고 아직 오지 않은 미래 때문에 오늘의 행복을 버릴 것인가? 참 어려운 문제이다. 하지만 명확한 것은 하나 있다. 지금 행복하면 나중도 행복할 수 있다.

행복은 상황과 환경에 의해 좌지우지되는 것이 아니라 내 안에 가지고 있는 행복함을 누릴 마음이 부족하기 때문이다. 현 사회는 자꾸 행복의 기준을 물질적 가치와 성공에 두기 때문에 시험점수가 낮으면 불행하고 집의 평수가 작으면 불행하고 예쁜 옷을 못 사면 불행하다고 생각한다. 정말 그러한가?

얼마 전 엄마들과 이야기를 나눌 때가 있었다. 그러다 아이들 이야기가 나왔는데 시험점수 이야기이다. 그것도 초등학교 성적이 40점인가 나왔는데 얼마 전 참관수업을 갔더니 아이들이 부모님께 편지를 쓰는데 자신의 성적을 80점을 받았는데 앞으로는 90점을 받으려 노력하겠다는 내용이었다는 것이다. 그 이야기를 듣는 순간 우리 아이는 40점인데 어쩌지? 그러면서 하는 이야기가 "점수가 낮아도 괜찮다고 생각하는 것은 자존감이 높은 것이 아니라 그 점수에 너무 무뎌져서 낮아도 어떤 것인지 몰라서 그렇다." 라고 이야기하는 것이 아닌가? 그러면서 '자신은 공부를 못해' 라고 인정해 버린다는 것이다.

어떤가? 이 이야기에 공감하는가? 난 그렇지 않다. 무엇보다 성적의 잣대를 가지고 이야기하는 것 자체가 난 싫다. '그 아이가 노력을 얼마나 했는가?' 하는 과정에 중점을 둔다면 성적은 좀 낮으면 어떻고 높으면 어떠하리… 정말 노력했는데 성적이 안 나오면 위로를 해야 할 것이며 노력을 안 했는데 성적이 안 좋으면 당연한 결과가 아닌가? 그렇게 자신이 선택하고 만들어 갈 수 있도록 좀 두어야 하는 것이 아닌지 생각해본다.

우리 집 하군은 성적이 중상위권 정도이다. 하지만 엄마인 나는 성적이 좀 폭락을 했으면 하는 바람도 있다. 노력하지 않으면 안 되는 것을 조금 알려주고 싶기 때문이다. 그러나 또 한편으로는 집에서 하지 않지 학교에서는 집중하여 본인의 몫을 해내는 것일 수도 있다. 그렇기에 그저 바라만 본다. 바라만 봐도 아이가 성장을 하고 있는 것이 보이기에 그저 행복하다.

서두의 글에서 멋진 가을 풍경을 바라보기에 누군가를 기다려도 조급함은 없다고 이야기하였다. 그렇게 난 그냥 아이들이 자라고 성장하는 것이 예쁘다.

우리는 아이들이 성장하는 것이 성적이 향상되기를 바라기에 예쁜지 모르는 것은 아닌지 한번 생각해 보아야 할 것이다. 성장이라 함은 어제보다 오늘이 더 나으면 되는 것이다.

어제는 자꾸 밥을 흘리면서 먹었는데 오늘은 흘리지 않고 먹는 횟수가 한 번이라도 늘어났다면 성장한 것이다. 어제 영어단어를 하나 외웠는데 오늘은 두 개를 외우면 성장한 것이다. 그리고 그저 밥 먹고 잠만 잤는데도 키가 커 있다. 성장한 것이다.

성장은 내적성장, 외적성장 다 필요하다. 우리 하군 교회친구 중에서 중3인데 키가 190cm가 넘는 친구가 있다. 그 친구는 꿈이 모델이다. 모델에게는 키는 너무나도 중요한 요인 중 하나이다. 그런 친구가 내적성장에만 몰두해 밤낮없이 공부만 하고 먹지도 않고 잠도 덜 잔다면 키가 클 수 있겠는가?

물론 유전적인 요인이 가장 크기 때문에 그렇다 하더라도 키가 크겠지만 집중하는 부분에 대한 이야기를 하자는 것이다. 그렇다면 그 친구가 그렇게 다른 성장에 집중했다면 키는 자라지 못해서 자신이 모델이 되고자 하는 꿈은 꾸지 못했을 것이다.

그리고 어제 엄청 까불 까불거리던 친구가 오늘부터 조금 차분하게 이야기를 잘 들어준다면 성장한 것이다. 그래서 하고자 하는 말의 요지가 성장은 모든 면을 보아야 한다는 것이다. 그렇게 하루하루 성장하는 아이를 바라보면 어찌 예쁘지 않을 수 있겠는가? 이 가을 단풍잎으로 물든 주황빛 산보다도 더 아름다운 것이 사람인데 말이다. 그렇게 오늘도 바라보고 내일도 바라보면서 잘 자랄 수 있도록 물도 주고 영양분을 채워주면 오늘도 성장하고 내일도 성장하여 그런 하루하루를 모아 미래의 자신을 만나게 될 것이다.

오늘은 어떻게 바라보고 행복해 할 것인가? 사실 난 아이들보다 엄마 자신을 좀 바라봤으면 좋겠다. 아이들은 성장하면 자신의 길을 찾아 떠나야 한다. 그때 잘 떠나보낼 준비를 하고 있는가? 그리고 오늘 나를 바라보면 '내가 성장했구나!'를 느낄 수 있는가?

우린 엄마라는 역할이 주는 무게 때문에 엄마는 있으나 나 자신은 없는 경우가 많다. 주체성이 없는 엄마는 아이들도 힘들어한다. 그럴 수밖에 없는 것이 주체성이 없는 엄마에게서 아이 또한 주체성을 배울 수 없기 때문이다. 그리고 모든 초점을 아이에게 맞추어 살기에 아이는 숨이 막힐 수 있다.

특히 요즘처럼 아이를 많이 놓지 않는 시대에 외동인 아이는 너무 힘이 들 수 있다. 자신은 혼자인데 바라봐주는 부모는 둘이나 되니 기대에 부흥하려면 얼마나 많은 노력을 하여야 하겠는가? 힘이 들 것이다. 우리 시어머니는 아들이 6명이다. 나는 우리 시어머니가 제일 부럽다. 부러운 이유는 자녀가 많아서이다. 물론 그중 잘난 자녀도 있고 못난 자녀도 있지만 어떠한가? 이 자녀들이 기대에 부흥하지 못하면 다른 아들이 부흥해주고 아들이 좀 못나도 손자가 잘나서 기대에 부흥하기 때문에 우리 시어머니는 늘 행복하시다. 정말 바라만 봐도 좋은 삶을 살아가고 계신다. 난 다산을 장려하는 사람 중 한 명이다. 장려하는 이유는 부모가 좋기 위함이 아니라 자녀가 행복하기 위해서이다.

요즘은 아이 키우는 것이 힘이 들고 돈이 많이 들기에 아이를 많이 출산하지 않는다. 그런데 아이가 잘 자라기를 바란다. 사실 여기서 우리는 너무 자기중심적인 모습과 마주하게 된다. 아이가 잘 자라기를 바라면 제일 중요한 것이 형제자매를 만들어 주는 것이다. 아무리 돈이 많아도 형제와 자매를 대신 할 수는 없다. 아무리 사회성을 키우려 아이들이 많이 모이는 곳에 체험활동을 하러 많이 다녀도 24시간 함께 붙어있는 형제자매만 못할 것이다. 또 가끔 부모들은 사회생활에 치여서 집에 오면 거의 녹초가 될 때가 많다. 그럼 홀로 있는 아이의 곁은 누가 채워줄 수 있는가?

난 워킹맘들에게 더욱 일에 집중하고 싶다면 꼭 아이는 한 명 더 낳으라고 이야기해준다. 사실 일을 하면서 아이를 한 명만 낳아 기르는 것은 폭력이다. 얼마나 외롭고 쓸쓸하겠는가? 엄마라면 느껴 봤을 것이다. 출산하고 100일도 안 된 아기가 그저 누워만 있어도 그 아이의 존재만으로 가정이 얼마나 따스해지는지를 말이다. 아이들은 정말 스스로 할 줄 아는 것이 많다. 그 모든 것을 부모가 다 해주려 하기에 아이를 키우는 것이 힘이 들고 그렇다 보니 아이도 한 명만 낳으려 한다. 정말 아이를 건강하고 바르게 잘 자라게 하고 싶다면 형제와 자매를 만들어 주어라. 그것이 엄마가 아이에게 줄 수 있는 최선의 선물이 아닐 수 없다.

갑자기 다자녀 맘의 출산 장려운동이 너무 길게 펼쳐진 것 같지만 이렇게 아이가 독립적인 시간을 가질 때 성장이 일어나고 엄마 또한 자신을 성장시킬 시간이 생겨나는 것이다. 그렇게 아이와 함께 성장하는 모습을 바라보아라. 그러면 조급함과 불안감은 언제 있었냐는 듯 사라지고 없을 것이다. 그리고 누리게 될 것이다. 현재의 자신의 삶과 아이의 삶을 동시에 말이다.

세상에는 공평하게 주어지는 것이 하나 있다. 그것은 시간이다. 하지만 그 시간 속에 무엇을 담느냐는 철저하게 개인의 몫이다. 부부도 아이도 절대 자신의 시간을 누가 대신 채워 줄 수는 없다. 그러니 그 시간 속에 무엇을 담을 수 있을지 고민해 보아라! 그리고 그런 자신을 바라보며 기다려 주어라! 그럴 때 또 계절이 지나 더 아름다운 설경을 바라보게 될 것이다.

불량엄마의 선택적 교육관

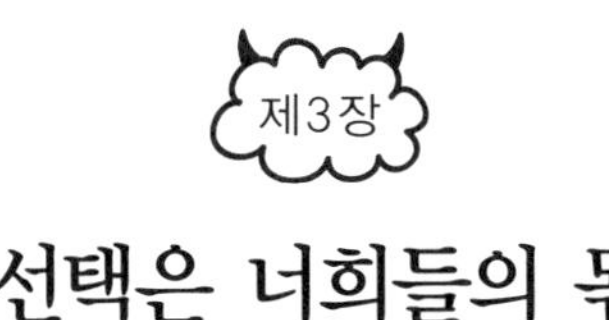

선택은 너희들의 몫

> 청소년기 아이들과 쇼핑을 함께 간 적이 있는가?
> 함께 옷을 고르고 입어보고 결정을 할 때 고민하는 아이를 대신하여
> 결정해준 적이 있는가? 그렇게 선택한 옷을 집에 가서 입어보니 자신
> 의 마음에 들지 않는다고 타박을 받은 적은 없는가? 그렇다. 선택은
> 철저하게 자신의 몫이다. 작은 선택 하나부터 말이다.

삶을 책임질 수 없다

　세상에 태어나면 누구나 삶을 살아간다. 어떠한 모양이든 어떠한 방법으로든 말이다. 그러나 그 삶을 한번 돌아볼 땐 수없이 많은 계획이 무산되고 변경되고 처음과는 완전히 다른 삶으로 펼쳐질 때도 있다. 나에게서 그러한 계획과는 완전히 다른 삶으로 펼쳐진 선택을 꼽으라면 첫 번째가 결혼이다.

　나는 나의 인생에 결혼이란 단어를 생각해본 적이 없었다. 그저 그냥 그렇게 시간을 흘려보내는 것이 나의 삶이었고 미래에 대한 계획이라는 개념도 없었다. 그냥 눈뜨면 일하고, 마치면 놀고 또 일하고 놀고 그렇게 하루하루를 보내던 나에게 가정이 생겨버린 것이다. 어찌할 틈도 없이 순간 일은 진행이 되었다.

　그렇게 시작된 결혼생활을 보낸 지 17년이 지난 지금 결혼 전 친구들과의 모임에 나가면 이런 이야기를 한다. 너는 완전히 다른 삶을 살아간다고. 자신들도 나와 그렇게 놀러 다니다가 결혼 후 엄마가 되고 일명 좋은 엄마가 되기 위해 집에서 아이만 키우는 그런 삶을 살았다고 한다. 그리고 아이들이 이제 어느 정도 자랐고 엄마가 꼭 곁에 있지 않아도 되는 그러한 시점이 왔다. 그래서 예전에 놀고 즐겼던 그때의 자신의 모습으로 다시 돌아가고 있다고 한다. 물론 자신의 삶을 행복하게 사는 것은 아주 좋은 모습이다. 하지만 방향은 조금 달라도 되지 않나 하는 생각이 들었다.

나도 물론 그때의 삶들이 생각이 나고, 놀고 싶은 마음이 결혼 초반에는 어찌 들지 않았을까? 당연히 나가 놀고 싶고 아가씨처럼 꾸미고 싶었다. 그러나 그렇게 할 수 없는 상황과 세월을 보내면서 나는 방향이 조금 달라졌다. 왜냐하면 나름의 목표가 생겼다. 어렸을 적 가지지 못한 일명 꿈이 생겨버린 것이다.

명확하지는 않지만 '바라봄의 대상'이 되고 싶었다. 예전에는 학교 앞 분식점을 할까 하는 생각도 했다. 우리 가족이 워낙 분식을 좋아하고 분식만은 내가 나름 잘할 수 있는 요리의 영역이었기에 그러한 꿈도 꾸었지만, 실천함에는 무리가 있었다. 그러면서 여러 가지를 알아보기 시작했다.

내가 아이들에게 자주 사용하는 말이 있다. "미래의 나의 모습을 보려면 내가 오늘 무엇을 하며 시간을 보냈는지를 보라!" 고 말이다. 그렇다. 현재는 미래의 거울이다. 오늘 커피에 많은 시간을 들인 사람은 미래에 바리스타가 되어 있을 것이며 나는 지금 글쓰기에 시간을 보내고 있으니 출판을 하게 될 것이다.

하지만 아이들은 이 이야기를 귀담아듣기에는 아직 부족한 듯하다.

불량엄마의 선택적 교육관

그러나 어쩔 수 없는 것이다. 본인의 삶의 책임은 무거워도 가벼워도 자신이 책임지는 것이니.

아이들에게서 나는 조금씩 조금씩 독립하고 있다. 그들의 삶이 나에게 영향은 미치지만 내가 책임져 줄 수는 없기에 독립을 하는 것이다. 아이들도 예상은 할 것이라 생각한다. 하지만 큰 변화를 느낄 수는 없다. 아직 자신을 채워 갈 것들을 많이 찾지는 못한 것 같다. 아니면 또 좀 그럴 때인 것 같기도 하고.

나의 두 번째 계획대로 되지 않은 일은 세 아이의 엄마가 된 것이다. 둘은 계획된 임신이었지만 막내는 어떻게 할 겨를도 없이 나에게 찾아왔다. 물론 첫아이와 둘째도 내가 엄마가 되겠다고 준비하고 가진 것은 아니지만, 막내는 진짜 1도 생각지 못하게 찾아온 선물이었다. 지금은 그 아이가 주는 기쁨과 행복은 말로 다 표현할 수가 없다. 그런 아이들이 예전의 나처럼 눈뜨면 학교 가고 마치면 집에 오고 가끔 친구들이랑 놀러 가고, 해가 지면 집에 들어오고 또 자고 학교 가고 이러한 생활을 반복하는 것이 안타까울 때도 있다. 그래도 또 괜찮은 것은 나와 같이 인생의 변환점이 있지 않을까 하는 생각에 기다림이 힘들지만은 않다.

나도 그저 그러한 삶을 살았지만, 결혼이라는 변환점을 지나 다른 방향으로 가고 있는 것처럼 우리 아이들도 그런 변환점이 있지 않을까?

없다고 하더라도 그것은 엄마의 몫은 아니니 너무 염려하지 말아야 한다. 가족은 분명한 공동체이다. 서고 아껴주고 챙겨주고 사랑해야 하는 분명한 사회공동체 중 첫 공동체이다. 그렇기에 부족하면 채워주고, 넘치면 받아주고, 힘들면 위로해주고, 기쁘면 함께 기뻐해주는 것이 당연하지만 개인의 몫도 분명히 있다는 것은 기억해야 하는 부분이다. 우리 하하하남매는 지극히 개인적이면서 지극히 공동체적이다.

이해하기 좀 모호한 부분이 있기도 하지만 가능한 사회의 모든 부분들을 가정에 담으려 노력하고 있다. 가능한 모든 경험의 시작이 가정에서 이루어지길 바라는 엄마의 마음이다. 아이들은 잘 해내고 있다. 자신의 삶에 문제가 생겨도 잘 해결해 나가고 있다. 하루는 하군이 무슨 일인지 평소와 다르게 아주 분주하게 움직이며 전화통화를 하는 모습을 목격하였다. 무슨 일이 있는지 물어보았다. 아이가 그때서야 이야기를 했다.

반에서 조금 성향이 달라 친구들과 어울리지 못하는 친구가 있는데 그 친구와 하군이 실랑이가 벌어졌다. 그러나 하군이 그 상황을 회피하고 친구들과 버스를 타러 가버린 것이다. 화가 난 그 친구가 끝까지 따라와서는 자꾸 실랑이를 벌이다가 옆에 있던 하군의 친구가 "그만해라!"라고 이야기를 했더니 그 친구가 우리 하군을 때린 것이 아니라 하군의 친구를 바닥에 눕혀놓고 마구잡이로 때렸다는 것이다. 그래서 학교가 난리가 났다. 그러나 선생님과 부모님들이 나서서 해결하신 듯하였다. 뒤에 이야기를 들어 보니 시작점인 당사자는 빠지고 서로 싸운 친구 엄마들만 통화로 서로 사과하고 마무리를 지었다고 한다.

그런데 여기서 복병이 발생하였다. 우리 하군께서 학교에 가서는 그

불량엄마의 선택적 교육관

친구를 학교폭력으로 신고를 한 것이다. 그랬더니 맞은 친구도 "나도 신고하겠다."라고 나서게 되어서 일이 커져버렸다. 그날 선생님으로부터 전화가 와서 부탁하셨다. "어머니 서로 잘 해결하면 좋겠습니다."라고 말이다.

그렇게 엄마와 아이들이 한자리 모이게 되었다. 서로의 이야기를 들어보고 서로의 잘못을 인정하고 엄마들이 등을 떠밀기는 했지만 화해도 하고 저녁도 같이 먹고 잘 마무리를 지었다. 이렇게 한 뼘 자라더니 오늘 너무 기쁜 소식을 들었다. 그 친구가 작곡을 하는데 예술고등학교에 입학하게 되어 반에 피자를 9판이나 쐈다는 이야기를 듣고는 얼마나 기쁘던지. 아이들은 이렇게 또 함께 자라고 기뻐하는 순수한 마음을 가지고 있어 감사하였다.

이제 세 번째 계획대로 흘러가지 않은 것은 다니던 직장을 그만두고 새로운 일에 도전하게 된 것이다. 난 학교에서 특수실무원이라는 직종으로 근무하고 있었다. 장애인 친구들을 옆에서 돕는 역할을 하는 일이다. 이 아이들이 특수학교에 가지 않고 일반 학교에서 통합학급으로 비장애 학생들과 장애학생들이 함께 수업을 들으면 옆에서 학습도 도와주고 보행이나 여러 가지 일을 돕는 역할을 하는 일이었는데 그렇게 5년 정도 하던 일을 그만두고 새로운 일에 도전하게 되었다. 이러한 선택은 쉽지 않았지만 100세 인생에 나 자신이 하고 싶은 일을 찾아보고 나를 돌아보면서 하게 된 선택이었다. 그렇게 지금은 나의 다른 일을 준비하고 만들어가고 있는 시점이다. 이렇게 우리의 삶은 바라는 대로 계획한 대로 흘러가지는 않는 것 같다. 나도 그러하고 아이도 그러하다.

철저하게 자신의 몫으로 돌아가는 현실. 그러나 우리가 함께 할 수 있는 것은 무엇일까? 그것은 묵묵히 지지하고 바라봐주는 것이다. 또한 지치고 힘들 때는 위로가 되어주고, 슬플 때는 함께 울어도 주고, 기쁜 일에는 누구보다도 함께 기뻐하는 것 이것이 내가 할 수 있는 최선이 아닐까?

나 또한 그러한 위로가 필요한 사람이고 그러한 존재가 필요한 사람이니 말이다. 인생은 그렇기에 살아갈 만한 가치가 있는 것 아닐까? 나도 아이도 자신의 삶을 철저하게 책임질 수 있는 그런 성숙한 사람이 되어야겠다.

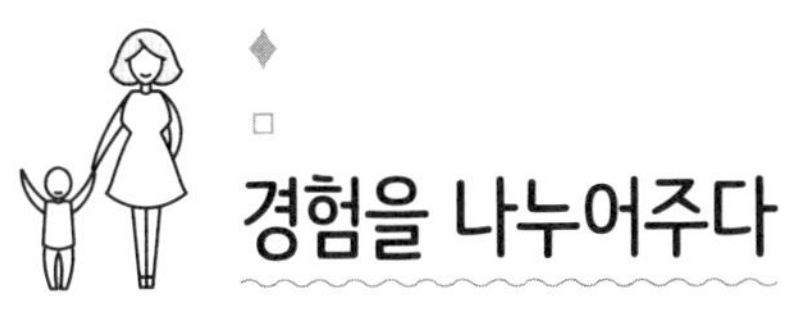

경험을 나누어주다

어릴 적 동네에 아이들과 옹기종기 모여 달고나를 만들어 먹은 기억이 난다. 전 50원인가를 주고 아저씨가 만들어주신 달고나를 별모양으로 찍어주시면 핀으로 깨지지 않게 떼려고 무던히도 노력했던 기억이 있다.

그 별을 잘 떼어내면 달고나를 하나 더 만들어 주셨기에 핀에 침을 발라가면서 열심히 초 집중하여서 별을 떼어냈던 추억이 있다. 참 아련하지만 그 기억이 얼마나 행복한지. 우리 하하하남매들에게도 그런 재미난 추억을 만들어주고 싶었다. 달고나 전용 국자와 모양 틀, 흰 설탕, 소다를 준비하여 집에서 만들어 먹는 추억 속 달고나. 참 재미있다. 사탕 하나 사서 먹으면 그만일 수 있지만, 엄마와 주방에 옹기종기 모여앉아서 달고나를 만들어 핀으로 나무, 별, 총을 떼어내려 애를 쓰는 아이들은 너무 사랑스럽다.

라면 땅도 기억난다. 집에서 사리 라면을 사다가 프라이팬에 수분이 날아가도록 잘 구워서 설탕을 뿌리면 정말 달콤한 라면 땅이 완성이 된다. 이런 간식들을 만들어 주면 아이들은 또 얼마나 행복하게 먹는지. 그리고 자신들이 크면서 직접 만들어 먹는 모습들. 어떻게 보면 하나 사 먹으면 되지만 작지만 만들어 먹는 소소한 행복이 마음을 따뜻하게 한다.

겨울은 아이들의 학예회가 한창인 계절이다. 초등학생이 있는 부모는 바쁜 시기이기도 하다. 아이들이 준비하면서 여러 가지 질문도 많이 하고, 고민도 많이 하고 특히 고학년인 아이들은 모든 기획과 준비를 자신들이 하기에 더더욱 고민도 많고 친구들 관계에서 속상함도 많은 시기인 것 같다. 막내하딸도 학예회 준비를 하느라 바이올린도 꺼내었다가, 기타도 꺼내었다가, 춤도 추었다가 아직 정하지 못하였는지 여러 가지를 많이 시도해보는 중에 아빠에게 찾아와 기타코드를 물어보고 연주도 해보고 하더니 "아 됐다!" 라는 말을 남기고 자신의 방으로 돌아갔다. 이렇게 또 문제를 해결하고는 학예회를 잘 마무리하였다고 한다.

우리 삼남매 중 하군은 평소 무엇을 사달라든지 옷을 브랜드로 사달라든지 등등 별로 요구하는 바가 없는 편이다. 필요한 것이 잘 없지만, 있으면 가성비를 따져서 구입을 하는 편이다. 그런 아이가 하루는 "컴퓨터를 바꾸어주세요"라고 한마디 하는 것이다. 참고로 우리 집은 1인 1노트북을 지향하는 가정이다. 현시대에 자신의 노트북이 있어야 여러 가지 활동을 하기가 원활하다는 생각으로 작년에 중고 노트북을 아이들에게 다 구입해 준 상태이다. 물론 중고이기는 하나 사양은 좋은 것이었다. 그런데 1년도 안 된 지금 집에 있는 데스크탑을 고사양으로 바꾸어 달라고 하니 엄마인 나는 어이가 없었다. 그래서 이유를 물어보니 그동안의 속상함을 토로하였다.

남중을 다니는 하군은 친구들과 유대관계가 좋은 편이다. 특별히 튀지도 않고 그렇다고 존재감이 없지도 않은 그런 아이이다. 그런데 요즘 친구들과 대화하는 것이 너무 힘이 든다고 눈물을 흘리는 것이 아닌가? 순간 엄마아빠는 너무 당황했다. '도대체 무슨 일이 있어서 눈물까지 흘리는 것인가?' 라는 궁금증을 안고 물어보았다.

요지는 이랬다. 친구들이 모두 함께하는 게임을 자신은 집의 컴퓨터사양이 좋지 않아서 하지 못하니 아이들과의 대화에 낄 수가 없어서 속상하다는 것이다. 옆에서 그저 아이들이 하는 이야기를 듣고 있을 뿐 대화에 낄 수가 없어서 속상하다는 것이다. 그렇다고 매일 PC방을 갈 수는 없는 것 아니냐고 말하는데 지켜보는 엄마아빠 마음이 아프다.

평소와 다른 아이의 행동에 당황도 하였고 얼마나 힘들었으면 눈물을 흘릴까? 하는 생각도 들었다. 그때부터 아빠와 엄마의 대화가 깊어졌다. 그리고 내린 결론은 컴퓨터를 업그레이드를 해주기로 하였다. 그냥 바꾸어주는 것이 아니라 아빠와 아들이 서로 알아보고 가성비가 좋은 것으로 선택해서 구입을 하기로 하였다.

남편은 컴퓨터를 조립과 프로그램 설치까지 가능하다. 물론 독학으로 익힌 것이지만 다 한다. 이러니 아들과 아빠가 매일 밤 머리를 맞대고 열심히 찾고 이야기하고, 또 찾고 이야기를 하고 있는 중이다.

가정 안에서 아빠의 영역은 이렇다. 기타, 영화, 컴퓨터의 영역은 아빠가 전문이다. 그래서 아이들은 이러한 영역은 아빠를 찾아간다. 영화 이야기가 나오면 아빠와의 수다가 시작되고 기타영역이 나오면 아빠의 기타연주가 시작되고 컴퓨터가 고장 나면 아빠를 찾게 된다. 이제는 하군이 아빠의 뒤를 이어가는 중이라 동생들은 종종 오빠를 찾아가기도 한다.

엄마의 영역은 첫째는 음식이다. 하하하남매는 음식 해먹는 것을 두려워하지는 않는다. 재료가 있으면 그냥 슥슥슥 한다. 자신의 생각대로 만들기도 하고 슬쩍 엄마에게 묻기도 한다. 그리고 현시대의 가장 많은 가르침을 하고 있는 유튜브로 배워서 만들기도 한다.

또 다른 영역은 독서이다. 책을 읽은 독년이 짧지만 그리하여도 아이들은 엄마가 책에 관한 것은 많이 안다고 생각하나 보다. 세 번째 영역은 딸들의 스타일링이다. 현재 자신의 모습이 어떤지 물어보고 어딜 갈 것인데 이건 어떤지 저건 어떤지 물어본다.

그리고 마지막 영역이 있다. 학교생활에 관한 영역도 엄마의 몫이다. 학교에서 근무한 4년 반의 경력이 아이들과 대화를 나눌 때 아주 유용하다. 거기다 난 초등 3년 고등 1년 반을 근무했기에 대부분 학교의 상황을 알 수 있다. 근래에는 중등에 수업을 들어가기에 거의 학교의 특성은 잘 알고 있다. 아이들과 상황에 대한 이야기를 나누기가 아주 좋다. 이렇게 하하하남매 가정은 아빠와 엄마의 전문 영역이 다르다. 그렇기에 균형을 이루는 것이 아닌가? 하는 생각도 든다.

아이들은 아직 미완성이다. 물론 사람은 죽을 때까지 미완성이지만 먼저 세상을 살아본 부모가 아이들의 질문에 생각을 이야기해주고 함께 공유할 수 있는 것은 아주 감사한 일이 아닐 수 없다. 가정 내에서도 이렇게 각자에게 주어진 강점이 있어야 한다. 그것이 그 사람의 브랜드이다. 가정에서 이렇듯 자신의 강점을 드러내고 만들어 가는 것이 되는 분위기가 된다면 사회 어느 곳이든 가서 자신의 역할들을 감당해 내지 않겠는가?

가정은 사회의 기본단위이다. 그러니 가정이 사회인 것이다. 아이들에게 실패를 경험하게 하라. 그래서 누군가에게 물어보고 도움을 요청하는 것을 부끄러워하지 않게 하라. 현재 가정에서 부모들은 아이들이 실패하는 것을 지켜보지 못한다. '힘들고 어려운 것은 엄마 아빠가 다 할 테니 너는 꽃길만 걸어라!'는 식의 태도는 아이를 사회에서 버텨낼 수 없도록 만드는 환경이다.

아이들은 어릴 때 수많은 실패의 경험을 맛보아야 한다. 그래서 힘들 때 부모에게 와서 위로도 받고 도움도 받아야 한다. 그때 부모의 전문적인 영역이 있으면 부모를 바라보는 존경의 눈도 생기는 것이다. 물론 세상 모든 부모님은 존경받아 마땅하다. 그러나 현대 사회의 아이들은 그렇게 생각하지 않는 것이 사실이다. 실수와 실패를 경험해 보지 않았기에 상대의 마음이 어떨지 생각하지 못하는 것이 사실이다.

아이가 무언가를 배우려는 마음이 있으면 고민하는 과정과 계획을 세우는 과정 그리고 그러려면 어떻게 해야 하는지 정보를 수집하는 과정들이 필요한데 우리는 아이가 "나 기타배우고 싶어!"라고 말만 하면 엄마가 학원을 알아보고 스케줄까지 다 맞추어서 아이에게 가져 간다. "너 이 학원 무슨 요일 몇 시에 가면 된다!"라고 다 만들어서 가 져다주니 아이들은 그저 밥만 받아먹는 것이다.

모든 것은 준비하는 과정에서 더 큰 동기를 불러오는 것인데, 그 과 정은 주지 않고 그 자리에 앉아 있으니 재미가 없는 것이다. 지속하지 못하는 것도 어찌 보면 당연한 일. 그러면 엄마는 끈기가 없이 왜 한 다고 해 놓고는 너는 제대로 안하냐는 등. 서로의 실랑이가 벌어지게 되는 것이다.

경험을 만들어 주어야 한다. 그럴 때 부모가 가지고 있는 경험과 전 문성은 아이에게 신뢰함의 바탕이 되는 것이다. 우리는 많은 기회를 아이에게 주어야 한다. 성공할 기회와 실패할 기회 둘 다를 말이다. 그리고 엄마의 실패했던 이야기, 아빠의 실패했던 이야기가 아이들에 게 힘이 되고 위로가 될 수 있다.

하딸은 내 눈에는 누가 보아도 여성스러운 외모를 가지고 있다. 하 지만 자신은 남성스러운 모습을 좋아한다. 그리하여도 여자인 것은 변하지 않는 사실. 늘 트레이닝 바지에 검은색 티셔츠만 입는 아이지 만 자신의 외모의 아름다움을 심어주기 위해 아직까지 엄마인 내가 하는 말은 "우리 하딸 진짜 예쁘다. 머리를 풀고 피아노 치는 모습은 완전 여신이다."라는 말을 달고 살았다.

그렇게 수많은 세월이 흐른 하딸은 요즘 화장에 아주 많은 관심을 가지고 옷도 엄마가 권해주는 예쁜 옷을 입고 다니기 시작했다. 이러 한 행동의 뒤에는 나의 어린 시절의 이야기가 힘이 되어준 듯하다.

불량엄마의 선택적 교육관

　나의 어린 시절 늘 남자이고 싶었던 나의 이야기를 아이에게 들려주었다. 그래도 20살이 되니 난 미니스커트를 입고 힐을 신고 머리를 길러 아름다운 여자의 모습으로 수많은 남자들을 울리고 다녔다는 왕년의 모습을 말이다. 그러한 이야기가 아이에게 '정말 나도 그렇게 될까?' 하는 마음을 심어주었고 지금 조금씩 자신의 아름다운 모습을 찾아가고 있다.

　꼭 멋져 보이는 영역이 아니라도 된다. 꼭 있어 보이는 영역이 아니라도 된다. 그러나 엄마만의 영역, 아빠만의 영역이 있었으면 좋겠다는 것이다. 아이들이 가끔 물어본다. "엄마는 공부 잘했어?" 난 당당히 이야기한다. "나 못했어. 완전 꼴찌에서 놀았다."고.

　그렇다. 난 정말 공부를 못했다. 그리고 하지 않았다. 해야 할 이유를 어디서도 찾지 못하는 환경과 상황에서 살았기 때문이다. 물론 핑계일 수 있다. 그러나 숨길 이유는 아닌 것이다. 그리고 아이들에게 덧붙인다. 선택은 본인의 몫임을. 어릴 때 공부하지 않은 엄마이지만 지금 열심히 노력하는 모습에 아이들은 엄마의 말에 신뢰함을 갖는다. 현재 보여지는 엄마의 모습이 중요하다.

　세상의 모든 엄마들은 엄마라는 존재만으로 존경받아 마땅하다. 하지만 아이가 자라듯 엄마도 자라는 것이 필요하다. 이제는 ○○씨가 아닌 ○○의 엄마이니 말이다. 그렇게 나의 삶과 경험들을 하나씩 하나씩 채워가고 나누어가다 보면 어느새 아이와 함께 나 자신도 자라있는 모습을 목격하게 될 것이다.

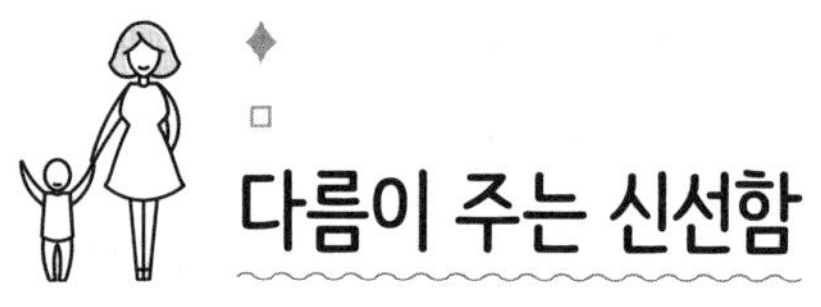

다름이 주는 신선함

아직 올해는 가을 단풍놀이 한번 가보지 못했다. SNS에 올라오는 너무도 아름다운 단풍사진으로 그 마음을 채워가고 있다. 그렇게 조금은 낯선 곳으로 훌쩍 떠나고 싶은 마음이 들 때가 있다.

당신은 떠날 수 있는 사람인가? 나는 아무리 시간과 차와 돈이 주어져도 혼자 어딘가를 떠날 수 없는 사람이다. 나를 붙잡는 것은 아무것도 없는데 내 마음이 홀로 다른 곳으로 떠난다는 것이 가능하지 않은 사람이다. 그냥 집에 있는 것이 좋고 꾸미지 않고 그저 집에서 뒹굴뒹굴거리는 것이 좋은 그저 평범한 사람이다.

어느 날, 2년 전쯤 고3 학생들이 수능을 보는 날이었다. 정말 훌쩍 떠나고 싶은 마음이 너무나도 강하게 들었지만 홀로 갈 수가 없어서 두 딸과 함께 떠나버렸다. 학교는 급하게 선생님께 전화를 드려 사정을 설명했다. 그때는 그래도 하딸들이 초등학생이라 학교에서는 별말씀이 없었다. 그렇게 두 딸과 함께 처음으로 떠나는 여행. 아는 곳이 하나도 없었기에 집에서 가까운 경주로 몸을 옮겼다.

아이들은 신이 났다. 갑작스럽게 떠난 여행이고 여자들끼리만 가는 여행에 학교도 가지 않으니 얼마나 신이 나겠는가? 그렇게 시작된 여행길에 저녁을 맛있게 먹고 잠잘 곳을 찾았지만, 솔직히 그때까지 한 번도 혼자 숙박을 잡아본 적이 없던 나는 왜 그리도 용기가 없었는지 그냥 호텔이나 콘도를 가면 될 것인데 가지 못하고 찜질방으로 아이들과 함께 들어갔다.

내가 홀로 가본 곳은 찜질방에 목욕하러 가본 것이 다였던 것이다. 평소 목욕을 즐기지도 않는 나이기에 찜질방도 몇 번 가보지 않았다. 그렇게 세상을 홀로 다녀본 적이 없는 나는 그래도 두 딸이 있기에 그것도 가능한 것이었다. 아이들은 찜질방도 좋아했다. 목욕하고 계란이랑 식혜도 사먹고 텔레비전도 맘껏 보고 이야기도 많이 나누고 그렇게 하룻밤을 자고는 나왔다. 아침은 간단히 때우고 점심은 맛집을 찾아서 맛있는 한정식을 먹었다. 그리고 올라간 불국사와 석굴암 그곳에서 만난 가을은 정말 아름다웠다.

난 참 감성이 메마른 사람이다. 자연이 아름답다 느낀 적이 없다. 모든 초록색은 다 풀이라 생각했다. '가을낙엽이 아름답다!'라기보다는 '저 낙엽 청소하려면 힘들겠다!'를 먼저 생각하는 사람이 나다. 그런 내가 만난 그 가을의 불국사 단풍은 너무 다른 모습으로 다가왔다. 가을 단풍잎의 색이 어찌 그리 아름다운지. 아이들과 이야기하면서 걷는 단풍 길도 너무 아름답고 수능일이라 사람이 별로 없어 한적한 가을 길이 너무 여유로웠다. 그런 여유를 즐기는 엄마 곁에서 딸들도 계속 웃으며 뛰어다니고 수다 떠는 모습이 어찌 그리도 사랑스러운지.

경주의 스타벅스에 들러 딸들과 차를 한 잔씩 마시며 호수를 바라보면 여유롭게 햇살도 쬐이고 돌아오는 길에 읍천항에 들러 파도 소리 길도 걸어보고 주상절리도 보고 아이들과 사진도 찍고 하하 호호 웃기도 하고, 그렇게 나에게 늘 다가왔지만 내가 맞아주지 않았던 가을이 그때는 내가 반겨줌으로 정말 세상에서 처음 다가오는 계절처럼 느껴졌다.

그날은 나의 지난 추억 중 아름다운 추억이 되어 생각만 해도 기분이 좋은 한 장면이다. 이렇게 늘 같았지만 내가 달라지니 새로움이 되는 것은 어찌 된 일일까? 난 정말 다른 것을 싫어한다. 그래서 늘 그 자리였었다.

나는 낯선 사람들과 이야기하는 것을 참 좋아하지 않는다. 누군가와 만날 때도 낯선 사람이 한 명이라도 있으면 잘 참석하지 않으려 애쓴다. 이러한 성격이 언제부터였는지는 모르겠다. 나와 다른 것을 배척하는 아주 나쁜 심성. 지금의 남편은 그 나쁜 마음을 참아주고 안아주었기에 함께 하는 것이 아닌가 하는 생각에 늘 미안한 마음이 있다.

'다른 것은 틀린 것이 아니다!'를 아는 데까지 난 참 많이 돌아왔다. 나와 다른 마음을 가지거나 생각을 가진 사람들과는 그저 사람들이 하는 말처럼 '안 놀면 되지 뭐!' 하는 마음이 있었다. 아주 부끄러운 나와 만나게 되어 얼굴이 붉어지지만 난 정말 그랬다.

나와 다른 사람은 만나기도 싫어했고 이야기 나누는 것도 싫어했다. 배척했다는 것이 아마 맞을 것이다. 그러니 내 마음속에 얼마나 많은 가시들이 있었겠는가? 저 사람은 이래서 싫고 이 사람은 이래서 싫고 그

불량엄마의 선택적 교육관

러니 나를 좋아해주는 사람인들 많았겠는가? 안타까운 일이 아닐 수 없다. 그러고는 내가 이야기한 걸 들어 주지 않으면 투덜대는 아주 아기와 같은 나의 모습이 다름이 많은 우리 아이들을 만나고 달라져 갔다.

아이 셋은 정말 나와 다르다. 참 밝다. 아빠를 많이 닮은 것이다. 아빠는 아주 개구지다. 아이들과 노는 모습을 보면 이 사람이 아이인지 어른인지 구분이 되질 않는다. 그렇게 재미가 있으니 아이들이 얼마나 좋겠는가? 난 그런데 그런 개구쟁이 같은 모습도 싫어했다. 어른이 되어 가지고 어째서 저리 철없이 애들을 대할까? 하는 생각이 나를 붙잡은 것이다. 얼마나 어리석었는지. 감사하게 엄마의 이런 어두운 면을 하하하남매는 별로 담지 않고 아빠의 개구지고 밝은 모습을 많이 닮았다. 이제 덩치만 보면 다 어른인데 하는 행동은 아직도 어린 애처럼 춤을 추기도 하고 장난을 치기도 하는 모습이 너무 좋다. 이 아름다운 아이들을 있는 그대로의 모습으로 바라보지 못했던 지난날이 너무 미안하지만 어찌하겠는가? 노래 가사처럼 "지나간 것은 지나간 대로 그런 의미가 있죠! 떠난 이에게 노래하세요! 후회 없이 사랑했노라 말해요!"

그렇다. 지나간 후회의 추억이 있기에 지금 달라진 내가 있는 것이지 않겠는가? 하지만 감사한 것은 난 아직 떠나지 않은 아이들이 곁에 있다. 그러니 매일 매일 사랑한다. 고백하여도 늦지 않은 것이다.

사람은 달라진다. 모습이 달라지기도 하지만 마음이 달라진다. 분명 같은 상황이지만 마음이 달라지면 모든 것이 달라진다. 그렇기에 그 모든 상황이 나에게 신선함으로 다가온다.

얼마 전 페이스북 친구로 있던, 노력하며 살고 계시는 한 분이 있었다. 그분의 삶을 지켜보며 삶이 궁금한 분이었는데 어느 공식적인 자리에 갔더니 그분이 오셨다. 인사를 하면서 기회가 되면 식사를 한번 하자는 말을 내가 먼저 하는 것이 아닌가? 말을 하고도 내가 놀라 잠시 멈칫하면서 이야기를 나누고 마침 시간이 되어 그다음 날에 바로 만날 수가 있었다. 그렇게 식사를 같이 하는 동안 그분의 삶과 지금 진행하는 일들을 듣는데 얼마나 애쓰고 노력하시는지를 느낄 수가 있었다. 한 시간을 밥을 같이 먹으면서 이야기를 나누는 동안 내 자신도 참 많이 달라졌다는 느낌에 마음 한쪽이 뿌듯하였다.

상상할 수 없는 일이었다. 내가 낯선 사람과 그것도 남자분과 밥을 먹는 것도 신기하고 이야기를 계속 이어나가는 모습도 신기하였다. 그리고 신선했다. 그렇게 다른 사람의 삶을 듣는다는 것은 참 흥미로운 일이었다.

무엇을 얻고자 함도 무엇을 드리고자 함도 아닌 단지 그분의 삶의 이야기를 듣는 것인데 그 이야기 속에서 느낄 수 있는 열정과 얼마나 열심히 노력하는가를 느낄 수 있었다. 그러한 이야기가 나에게도 있을 것이란 생각이 들었다. 그렇게 식사자리를 마무리하고 돌아오는 내 자신이 대견스러웠다.

우리 아이들이 이렇게 자랐으면 좋겠다. 누군가의 삶을 들어주고 그들의 삶을 공감해주고 힘을 줄 수 있는 그런 사람으로 자라길 소망해본다. 각자 사람마다 주어진 역량과 강점이 다르다. 그렇기에 다양한 사람들을 많이 만나고 그들을 통하여서 배워가고 성장하는 것은 책을 한 권 읽어 지식을 쌓는 것만큼이나 중요한 일이다. 난 그것을 알지 못한 채 살아왔으니 안타깝지 않을 수가 없다.

　나에게 있어 아이들은 나를 자라게 하는 성장 도구이다. 그들을 바르게 자라게 하기 위해 내가 자라는 것이다. 내가 바르지 않고, 내가 수용하지 않고, 내가 배려하지 않는데 어찌 아이들이 그렇게 자라겠는가?

　그렇게 나는 매일 매일 자라면서 아이들에게 좋은 본보기가 되려고 노력한다. 가끔은 그 노력이 물거품처럼 사라질 때도 있다. 하지만 흔적은 남아 있는 것을 보게 되었다. 참 사람은 홀로 살아가지 못하는구나! 누군가의 협력이, 조언이, 수용이, 사랑이 없이는 아무것도 할 수 없는 것이 사람인데 이 바보는 알지 못한 채 많은 세월을 흘려보냈다.

　그러나 괜찮다. 그렇기에 난 다시 청소년기의 아이처럼 나의 삶을 신선하게 받아들이고 있는 것이다. 때로는 철없는 엄마의 모습으로, 친구 같은 모습으로, 때로는 어른스러운 모습으로, 위로가 되는 엄마로 한발 한발 나아가는 중이다. 너무 어른다워지려 애쓰지 않아도 될 것 같았다. 아이들과 함께 걷다 보면 난 어른이 되어있을 테니. 함께 손잡고 자라가니 어찌 나 혼자 아기로 머물러 있겠는가?

　철없고 성숙하지 못한 아기 같은 모습이 보일지라도 직면하고 다시 시작해보라. 삶이 새로운 모습으로 다가올 것이다. 그러면 다시 새로운 인생을 살아가게 될 것이고 새로운 삶을 즐기고 있을 것이다. 그렇게 오늘도 신선한 하루를 맞이한다.

스스로 판단하고 선택할 수 있도록

　아이들과 오랜만에 삼겹살을 구워 먹기로 하였다. 우리 하하하남매는 통닭은 한 마리를 시켜도 남는다. 그러나 삼겹살은 보통 3명에서 2근을 먹는다. 삼겹살은 사랑이다. 우리 가족은, 삼겹살은 식당에 가서 먹지 않는다. 가격에 손이 떨려 먹을 수가 없기에 주방에 신문지를 쭉 펴놓고 불판에 고기를 굽는다. 엄마가 굽는 속도가 먹는 속도를 따라가지 못한다.

　그렇게 맛있게 고기를 구워 먹으면서 이야기가 나온 것이 둘째가 "난 둘째가 좋다." 그러니 막내가 "거짓말, 막내가 좋지 어떻게 둘째가 좋아."라고 하니 "모두가 다 그런 것은 아니거든." 이러니 하군이 "첫째가 제일 힘들다. 그건 알고 있나?" 그러니 막내가 "그럼 오빠는 다시 하라면 막내 할 거야?" 그랬더니 하군 "그래도 막내는 싫고 첫째를 한다."고 했다. 그러니 막내는 "난 막내 할래. 막내가 제일 좋아!" 이러면서 자신들끼리 수다 수다를 떨며 고기를 먹는 것이 아닌가? 이런 말들이 어찌나 감사한지. 자신의 자리가 좋다는 것은 자신의 삶에 만족한다는 표현이 아니겠는가? 자신들이 선택한 삶도 아니지만, 자

불량엄마의 선택적 교육관

신이 다시 선택해도 이 삶을 선택한다는 것은 대단한 삶의 만족이 있지 않고서는 가능하지 않은 것이다.

난 이 삶의 만족도 표현이 선택을 본인이 할 수 있는 자율성에 두기 때문이라 생각한다. 대부분 아이들에게 자신의 일에 대한 선택을 맡긴다.

어느 날 막내하딸이 물어봤다. 6학년이라 한창 외모에 관심이 많은데 친구들이 앞머리를 많이 내리니 자신도 내리고 싶은 것이다. 그런데 합창단을 하고 있어서 앞머리가 없어야 한다. 그러니 얼마나 더 하고 싶겠는가? 그 마음을 엄마에게 표현하고 싶어서 "엄마 나 앞머리 내리면 예쁠까? 앞으로 한 달 동안은 공연이 없는데 앞머리 내려도 될까? 어떻게 할까?"라며 나에게 자꾸 묻는 것이다.

나의 대답은 "앞머리를 내리는 것이 나쁜 것이 아니기에 해도 되지. 하지만 모든 상황은 네가 알고 있고 어떻게 해야 하는지도 알고 있으니 선택은 네가 해야 하지 않을까? 결정하면 결정한 대로 하면 되고 일이 생기면 책임을 지면 되지 않나? 엄마는 나쁘지 않으면 무엇이든 다 해도 된다고 생각해." 그러고 한참을 고민하다가 앞머리를 시스루처럼 살짝 자른 것이다. 그러고 고데기로 웨이브를 넣고는 "엄마 예쁘지?" 하면서 달려온 딸, 예쁘다고 공감해주었다.

이런 선택은 작은 것 같은가? 이러한 선택이 모여서 더 심도 있는 선택이 가능한 것이다.

우리 하하하남매는 주말이 되면 물어본다. "주말스케줄이 있나요?"

이 질문에 요지는 주말에 가족이 함께 하는 스케줄이 있나요? 라는 의미를 내포하고 있는 질문이다. 그렇다. 우리 가정은 가족이 모두 함께 하는 일에는 필참이다.

"나 먼저 친구들이랑 약속 잡아 놓았는데?"는 안 된다. 물론 갑자기 우리 하하하가족끼리 저녁을 먹는 정도는 자신의 선약을 우선으로 해준다. 그렇지만 집안 행사나 할머니 산하 모든 가족이 모이는 일은 안 된다. 우선 선택은 가족임을 꼭 명시한다. 그렇기에 약속을 잡기 전에 물어보는 것이다. 이러한 선택을 할 때 유념해야 할 기준은 조금씩 있다. 하지만 대부분의 선택의 기준은 '나쁘지 않으면 해도 된다.' 이다.

어제저녁 하군이 집에 들어올 시간이 되었는데도 들어오지 않아 엄마의 예상으로 PC방을 가지 않았을까 하는 생각이 들었기에 조금 화가 나 있었다. 아이가 들어왔다. "늦었네? PC방 갔다 왔어?"라는 질문에 "아니요, 보컬학원에 다녀왔어요."라고 대답했다. 엄마가 부끄러웠다. 바로 사과했다. 그러면서 "학원에서 연습은 뭘 했어?"라고 물으니 호흡연습을 하였단다. 이제 시작하고 첫 레슨을 받고 연습 중인 것이다. 집에 오면 잘 되질 않는 것을 알기에 오는 길에 학원에 들러서 연습하고 오는 것이다.

이러한 행동은 자신의 필요에 의해 학원을 알아보고 찾아가서 상담을 받고, 그리고 레슨을 받기에 나오는 행동이 아니겠는가? 난 아이들의 밥상을 다 차려주지 않는다. 어찌 보면 게으른 엄마일 수 있다. 다른 이들이 보면 엄마답지 않다고 할 수도 있다. 하지만 난 괜찮다. 아

불량엄마의 선택적 교육관

이들이 자신의 삶을 선택하고 만들어가는 능력을 기를 수 있도록 옆에서 지지해주는 것이 나의 역할이란 것을 굳게 믿고 있기 때문이다.

가끔은 어려운 선택도 있다. 중학교 졸업을 앞둔 아들은 요즘 진학할 학교를 두고 고민한다. 친구들의 이야기도 들어보고, 엄마의 이야기도 들어보고, 형들의 이야기도 들어보고 하는 중인 것 같다. 아직 결정은 하지 않은 상태이지만 마음으로 정해둔 곳이 있는 듯하다. 난 내가 알고 있는 정보만 전달해줄 뿐 아무런 개입도 하지 않는다. 엄마들의 모임에 가면 그렇게 이야기한다. 남자아이들은 요즘 여자아이들을 따라가지 못하기에 남자아이들 중에서 성적이 좋은 아이들은 남고를 가는 것이 내신관리하기에 훨씬 더 유리하다고 한다. 여자아이들이 워낙 공부를 잘하기에 남녀공학을 가면 여자아이들에게 뒤쳐진다는 것이다. 이것 또한 정보이다. 그럼 그냥 이야기해줄 뿐 선택은 본인의 몫이다. 난 좀 이렇다. 뒷짐 지고 불구경하듯 하는 나의 행동을 보고 "어떻게 그렇게 하느냐?"라고 이야기하는 엄마들도 있다. 난 그래도 변하지 않는다. 인생은 철저히 자신이 선택하고 헤쳐 나아가야 하는 것이기에. 물론 함께 동행한다. 하지만 대신해 줄 수는 없는 것이다.

어려서 우리 막내하딸은 선택을 잘 못하는 모습을 보였다. 예쁘고 좋은 것은 다 가지고 싶었기 때문이다. 특히 막내하딸은 지금은 아니지만 매니큐어를 참 좋아했다. 그래서 아빠랑 쇼핑을 가면 꼭 매니큐어를 사 달라 해서 들고 들어왔다. 물건을 사러 가면 모든 것이 예뻐

보이지 않겠는가? 그래도 꼭 구입할 수 있는 가격을 이야기해준다. "오늘은 3,000원으로 사세요." 하면 금액에 맞게 색상이 마음에 드는 것으로 골라야 한다. 이것이 얼마나 어려운 일인지 여자라면 다 공감을 할 것이다. 그럼 아빠는 옆에서 더 사주고 싶어 하지만 엄마의 어명으로 바꿀 수가 없다. 그렇게 아이는 사고가 자라고 어떠한 선택이 가장 좋은 선택인지 배워간다.

하딸은 쉐도우에 관심을 갖고는 컬러를 고를 때 이러한 현상이 일어난다. 2+1하는 행사를 하면 그때 가서 사는데 색상을 고르느라 한참을 고민한다. 그래도 잘 골라서 만족하면서 쓴다.

자신이 선택하는 습관을 들이는 것이 나중에 정말 중요한 선택을 할 때 기반이 된다. 이러한 고민이 없이 갖고 싶은 것은 다 가지고 하고 싶은 것을 다 하면 나중에 할 수 없을 때는 너무 힘이 든다.

특별히 외동인 아이들이 힘든 것이 이것이다. 고민을 별로 해본 적이 없다. 누군가와 나눌 필요도 없다. 엄마도 아빠도 다 양보해주고 아이가 하나이니 갖고 싶은 것을 동생이나 언니오빠를 신경 써가면서 구입해 본 경험도 없는 것이다. 그러니 다른 사람을 위해 하는 고민이 왜 필요한지를 상황적으로 알 수가 없다.

우리 집의 아이들이 어릴 때 하군은 이러한 이유로 많이 혼이 났다. 자신은 괜찮은데 동생이 어리기에 아직 하면 안 되는 행동들이 있다는 것을 엄마가 많이 이야기해주었다. 아마 힘이 들었을 것이다.

물론 마음 한편으로는 미안한 마음이 없지는 않다. 하지만 우리 하군은 아무리 애를 써도 동생이 둘이나 된다는 사실이 변하지 않는다. 나도 마찬가지이다. 아무리 힘들고 지쳐도 아이가 셋이라는 사실이 변하는 것은 아니다. 난 이것을 가르쳐주고 싶었다. 그렇기에 헤쳐나가는 법. 그렇기에 자신이 할 수 있는 선택이 홀로 있는 외동과는 다를 수밖에 없다는 것을 말이다.

이렇게 훈련된 아이들은 아마 사회공동체에 나갔을 때 다른 이들을 배려함에 바탕이 되지 않을까 하는 마음에서였다.

내가 정말 거의 홀로 크다시피 했기에 누군가를 배려하거나 함께 해야 하는 것을 알지 못했다. 식당을 가도 난 숟가락을 놓아야 한다는 것조차 모르며 자라왔다. 사회생활을 하여도 여자고 어리고 하니 어른들이 대부분 해주었고 집에서도 부모님이 힘들게 하셔도 밥을 차려주시면 밥숟가락까지 챙겨주시니 내가 할 필요는 없었다. 그러니 내가 누구를 배려해본 적이 있겠는가?

사실 가장 안타까운 것은 배려해야 함 자체를 모르는 것이다. 그런 내가 결혼을 하고 아이를 낳고 보니 많은 선택에서 제약을 받을 수밖에 없고 배려하지 않을 수 없는 상황에 처해진 것이다. 그러니 사고가 자랄 수밖에 없다.

난 우리 하군과 하딸들이 이러한 사고의 확장이 어려서부터 있기를 바란 것이다. 그렇기에 선택을 할 때는 자신만을 바라보지 말고 가족을 바라봐야 하며 또한 홀로 선택해야 할 일은 정말 자신만을 바라보고 선택해야 하는 것임을 알려주고 싶었다.

그렇다고 해서 아이들의 희생을 강요하는 것은 아니다. 단지 구분할 줄 알아야 함을 알려주는 것이다. 자신의 진로에 있어서만큼은 자기 자신을 잘 들여다보고 선택해야 하고, 가족이나 다른 사람이 함께해야 하는 선택에서는 상대를 배려하는 선택을 해야 한다. 그리고 선택의 책임은 철저하게 자신의 몫임을 알려주고 싶었다. 그렇게 우리 하하하남매들은 자신의 일에 대한 선택을 함에 두려움은 없는 것 같다. 물론 고민은 한다. 고민 없는 선택이 있겠는가? 하지만 그 고민하기를 두려워하는 것 같지는 않다.

생각을 많이 해본 사람은 생각하기를 두려워하지 않는다. 생각을 많이 해보지 않은 사람은 생각하기 자체를 두려워한다. 일이 복잡해지는 것이 싫은 것이다. 그렇기에 어려서부터 훈련해야 하는 것이다.

자신의 옷을 선택해서 입고, 칫솔 색깔을 자신이 고르고, 장난감도 다 가질 수 없으니 선택할 수 있는 범위 안에서 선택하는 법. 사탕을 먹을 때도 딸기 맛, 초코 맛도 자신이 선택하고 놀이기구를 타러 가서도 어떤 놀이기구를 탈지를 선택하고 외식을 갈 때에도 아이에게 의견을 물어보는 것. 정말 작은 것이지만 중요한 것이다.

그렇게 선택의 폭을 조금씩 넓혀주고, 책임도 져보는 것이 아이들의 삶에 대한 책임을 지는 근본 바탕이 될 것이다.

불량엄마의 선택적 교육관

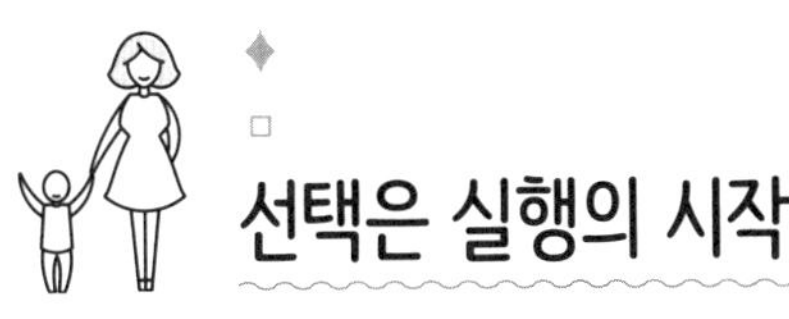

선택은 실행의 시작

　지금 가지고 있는 고민이 있는가? 고민을 어떨 때 하게 되는지를 한 번 생각해보면 항상 선택이란 것을 앞두고 하게 된다. 아이들을 처음 어린이집을 보내려 하면 정말 '어떤 어린이집을 보내는 것이 좋을까?'를 두고 엄청난 고민을 하게 된다. 지금 생각해보면 어린이집 교육과정도 중요하지만 가장 중요한 것은 담임선생님이라는 것을 아이들이 졸업을 다 하고 청소년기가 된 지금은 안다. 그때는 담임선생님을 만나기보다는 그저 교육과정 설명회를 듣고 커리큘럼이 좋으면 그곳으로 보냈다. 시설도 선택에 있어서 한몫을 한다.

　하지만 아이들은 그 모든 것을 잘 모른다. 엄마만 알뿐… 아이들은 선생님이 좋은 것이 최고인데 말이다. 이렇게 선택을 하기 위해서 여러 가지를 비교해보고 생각해 본다. 그렇게 선택을 하고 나면 어떻게 바로 실행한다. 실행은 선택을 함으로써 시작되는 것이다.

　다시 역으로 생각해 보면 실행이 늦다는 것은 선택이 늦다는 것이다. 우리는 하루 종일 선택이란 것을 하면서 시간을 보낸다. 알람이 울려 눈을 뜰 때에도 지금 일어날까? 아니면 5분 더 있다가 일어날까? 나는 5분 간격으로 알람을 맞추어두는데 그래도 매일 아침마다 마지막 알람을 선택해서 일어난다.

화장실이 1개인 우리 하하하남매집은 샤워도 마음대로 들어가면 안 된다. 각자 등교시간과 출근시간이 있기에 아이들과 조율을 하게 된다. 그런데 시간이 모자라면 누군가는 샤워를 하지 못하고 머리만 감는다든지 아니면 머리는 묶어가고 세수와 양치만 하는 것이다.

그리고 시간을 확인하면서 아침을 먹을 것인지 아니면 다른 것을 먹고 갈 것인지 아니면 학교에 가면서 먹을 수 있는 것을 가지고 갈지 생각하고 선택을 하게 된다.

이렇게 아침을 전쟁을 치르듯이 보내고 나면 난 또 고민에 빠진다. 조금 쉬었다가 집안일을 할지 아니면 지금 후다닥 하고 커피를 한잔 할지를 말이다. 대부분 커피를 한잔하고 집안일을 하는 것을 선택하지만 그래도 매일 고민하는 내 모습과 마주하게 된다.

이렇듯 우린 매 순간순간 선택을 하고 선택한 것을 실행한다. 우리 삶의 대부분의 선택에서 올바른 선택을 하기 위해서는 어떠한 기준이 있어야 할까? 그러한 기준이 있지 않고서는 바른 선택을 하기란 참 힘이 드는 것이 사실이다.

그럼 기준은 '어떻게 정해야 할까? 나에게 기준은 어떤 선택이 더 가치가 있는가?' 이다. 가치란 사람마다 다 다를 수 있겠지만 여기서 내가 말하는 가치는 혼자일 때는 '나에게 유익이 있는가?' 함께 있을 때는 '상대에게 유익이 있는가?'를 생각한다.

앞에서 예를 들어 샤워할 때 내가 1등으로 일어났다고 해서 내가 제일 먼저 들어가도 나쁘다고 볼 수는 없을 것이다. 그러나 우리는 그렇게 하지 않고 제일 먼저 나가는 아이를 깨우고 그 아이가 씻고 나면 두 번째 등교하는 아이가 샤워하러 들어간다. 이것은 상대를 위한 배려가 되는 것이다.

이런 선택이 당연한 것으로 느껴질 수도 있지만 요즘 같이 홀로 자라는 아이들은 "이렇게 아침에 샤워하는 것까지 순서를 생각하고 정해야 되는 것이냐?" 라고 반문하는 아이들도 있을 것이다. 대부분 아파트에는 또 화장실이 두 개나 된다. 그러니 이러한 경험이 별로 없는 아이들도 있을지도 모른다는 생각이 든다.

그러니 선택을 할 때 나만 생각할 수도 있지 않겠는가? 자신만을 위한 선택을 하고 그것을 실천하게 된다면 우리 사회는 함께 생활하기 힘든 사회가 만들어질 것이다. 이렇듯 무언가를 선택함에 있어서는 많은 생각과 고민과 경험이 필요한 것이다.

우리 하하하남매의 아빠는 6형제 중 막내이다. 그러니 6형제가 모이면 얼마나 많은 사람들이 있겠는가? 게다가 입맛도 천차만별이다. 생선을 좋아하는 사람, 고기를 좋아하는 사람, 찌개를 좋아하는 사람, 국을 좋아하는 사람 등등. 음식을 할 때 많은 고민을 하게 된다. 그래서 가장 큰 형님께서 선택하는 방법 중 하나는 못 먹는 사람이 없는 고기 요리를 하거나 또는 못 먹는 음식이 있는 사람은 특별히 그 사람이 좋아하는 음식을 따로 준비해주신다. 이러한 배려가 생긴 이유는 무엇이겠는가? 선택을 할 때 그 사람을 생각하였기 때문에 나올 수 있는 것이다.

우리가 잘 알고 있는 성경의 인물 중에 아담과 하와는 에덴동산에서 선악을 알게 하는 선악과를 따먹지 말라는 하나님의 명령을 어기고 선악과를 따먹었다. 그로 인해 인류의 죄가 시작되었다고 한다. 아담과 하와의 선악과를 따먹게 하는 행동을 낳게 된 원인은 선택이란 것을 하였기 때문이다. 그 선택의 이유는 뱀이 하와를 꾀어냈기 때문이다. 선악과를 따먹으면 하나님과 같게 된다는 말에 넘어간 하와가 자신이 따서 먹고 자신의 남편인 아담에게도 먹게 하였다. 이렇듯 바르지 못한 선택은 타인에게 선하지 않은 영향을 미치게 된다.

"하와가 혼자 범죄 하면 되었을 일을 아담에게까지 범죄 하도록 선택하게 함으로 그 선택의 결과로 죄가 인류에 들어온 것이다." 라고 성경은 말하고 있다.

선택은 실천을 낳는다. 그러니 올바른 선택이란 것이 얼마나 많은 이들에게 선한 영향력을 미칠지는 아무도 모르는 것이다.

난 개인적으로 '반향'이라는 단어를 매우 좋아한다. '어떠한 사건이나 발표가 세상에 영향을 미치어 일어나는 반응'을 뜻하는 단어이다. 그렇다. 작은 선한 선택이 실천을 낳고 그 실천이 영향을 미치어 다른 이들에게 반응을 일으키게 하는 것이다. 그러니 선한 선택이 얼마나 중요한지 알 수가 있다.

흔히들 설명을 돕고자 쓰는 이야기로 '각도'가 있다. 처음에 시작할 때는 1도의 차이만 있어도 시간이 흐르면 흐를수록 그 각은 엄청나게 달라져 있다고 말이다. 그러니 그 1도의 차이가 얼마나 많은 변화를 일으키는 것인가? 그 변화의 시작은 선택이다. 무엇을 선택하는 것은 내가 무엇을 실천하는지의 근본이 됨이다.

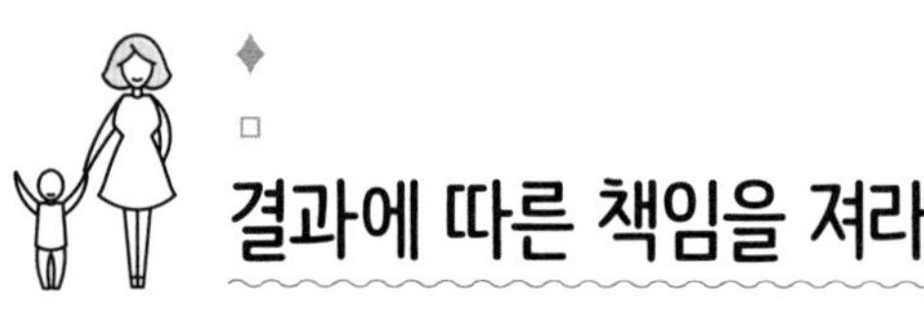

결과에 따른 책임을 져라

어느 날 학교 선생님으로부터 전화가 왔다. "어머님! 하군이 친구들과 농구를 하다가 손가락을 다쳤는데 좀 많이 다친 것 같아요! 병원을 가봐야 할 것 같은데 혹시 오실 수 있나요?"라는 전화였다.

이런 세상에 어찌 농구를 했기에 손가락이 부러지는지 속상한 마음으로 병원으로 달려갔다. 하군은 먼저 병원에 와 있었고 그날따라 병원에 사람은 어찌나 많은지. 하군의 손가락을 보니 멍이 들고 퉁퉁 부어 있는 것이 아닌가. 어찌 된 상황인지 물어보니 친구들과 농구를 하는데 공을 받다가 손가락이 꺾였다는 것이다.

하군은 운동을 좋아한다. 초등 때는 축구를 좋아해서 해가 지도록 집에 들어오지 않고 공을 찼다. 중학교에 입학하고도 늘 공을 차더니 함께 어울리는 친구들이 조금씩 변하면서 농구로 종목을 갈아탔다. 그러니 어쩌겠는가? 익히는 시간이 당연히 걸리지. 그 과정 속에 이렇게 손가락도 다치고. 엑스레이를 찍고 초음파를 했더니 골절이 맞다고 한다. 많이 부러진 건 아니지만 일단 골절이다.

바로 반 깁스를 하고 돌아오는데 하군은 기타를 치는 아이이다. 그
것도 주일에 정기적으로 기타를 연주한다. 이번에는 할머니 슬하 가
족 모두가 함께 준비한 특별 찬양 팀으로 섬기기 위해 연습을 해오던
터인데 이런 일이 발생하였다.

나도 속상하고 자신도 미안한 마음이 한 가득인지 표정이 좋지 않
았다. 어떻게 하면 좋을지 아이에게 물었다. 돌아온 대답은 "그래도
해야지!"라는 말. 그러고는 지켜보기로 하였다. 학교를 마치고 중간중
간에 병원진료를 다녀오곤 했다. 어릴 때부터 다니던 정형외과이고 1
년에 한 번 정도는 가는 병원이라 하군을 기억하신다. 하군 아니면
하딸이 단골이다. 아무래도 움직임이 많고 스포츠를 좋아하는 아이
들이라 그렇다.

병원진료를 다니면서 관리를 잘해서 그런지 특별 찬양 팀 당일에
반 깁스를 풀 수 있을 정도로 손이 나았다. 찬양을 은혜 가운데에 마
무리하게 되었다. 그리고 하군에게 물어보았다.

"만약에 손이 다 안 나았으면 어떻게 하려고 했어?"

"그냥 풀고 무조건 하려고 했어요."

"그러다 손가락이 더 아프면 어쩌려고"

"그래도 내가 맡은 역할인데 해야죠!"

그렇다. 책임을 지겠다는 말이다. 물론 모든 것을 다 책임질 수는
없다. 아직 학생이고 설사 어른이라 할지라도 모든 것을 다 책임질 수
는 없다. 그러나 책임을 지겠다고 임하는 태도는 너무나도 중요한 자
세이다. 어떠한 일이든 경중이 다를 수 있지만 임하는 자세는 어떠한
경우에라도 나타나는 것이다. 그 태도가 그 사람의 인품이라고 해도

과언은 아닐 것이다.

　요즘 학교에서 학교폭력의 빈도가 높아져서인지 인성교육을 많이 하는 것 같다. 그러나 안타까운 것은 무늬만 인성교육이지 친구들 간의 경쟁구도로 이루어진 학교 안에서 인성교육이 제대로 이루어질지가 의문이다. 서로 각자의 삶을 존중하는 것이 인성교육의 첫걸음인데 그 각자의 삶을 존중할 수 없는 학교 구조 속에서 어떻게 아이들이 바른 인성을 가질 수 있을지….

　대부분 학교에서 어떠한 일들이 일어나면 제일 먼저 부모님에게 전화가 온다. 그럼 부모님은 달려간다. 그리고 마법처럼 일은 일사천리로 해결된다. 잘못하였다고 용서를 구하는 것도 부모이고 일의 뒤치다꺼리를 하는 것도 부모이다.

　친구들이 좀 싸울 수도 있다고 나는 생각한다. 물론 나쁘게 친구를 괴롭히는 것은 잘못된 것이지만 친구들 간의 사소한 다툼은 일어날 수 있는 일이다. 그럼 그 다툼을 해결하는 것도 자신들의 몫인데 그러한 과정은 주지 않고 빨리 일만 해결하려는 학교들의 태도에 마음이 불편하다. 집안에서도 부모와의 갈등은 종종 일어난다. 나도 아들과의 갈등으로 힘들 때가 있다. 하지만 매일 반복해서 싸운다. 가끔은 지칠 때도 있지만 그래도 해결이 날 때까지 대립은 계속된다. 그렇게 계속되는 갈등이 힘들지만 회피하지 않는다. 그럼 어떻게든 결론이 난다. 그럼 우리 둘 다 그 결론을 받아들이고 그렇게 하기로 하고 갈등은 끝이 난다.

가정마다 여러 가지 갈등구조가 있을 것이다. 요즘 우리 하하하남매 가정에는 막내의 옷 타령과 용돈으로 인한 갈등이 계속되고 있다. 외모에 관심이 생긴 아이는 계속하여 예쁜 옷을 사달라고 조르고 또 친구들과 비교하여 용돈이 작다고 올려달라고 조른다. 그럼 사실 가장 빠른 해결책은 들어주는 것이다. 사달라고 하는 옷을 사주고 용돈을 조금 올려주면 간단하게 해결이 되지만 그럴 수는 없는 일. 타당한 이유와 근거가 있어야 하기 때문이다.

우리 하하하남매 가정은 용돈의 체계가 있다. 1학년 때부터 행해왔던 용돈의 지급방법은 1학년은 일주일에 천원, 2학년은 일주일에 2천 원, 그럼 중1은 일주일에 7천 원으로 매년 천 원씩 인상이 된다. 물론 5주가 있는 주는 3만5천 원을 준다. 엄마인 나의 생각으로는 아주 합리적인 용돈지급 구조를 가지고 있다고 생각한다.

그리고 집안에서도 용돈을 벌 수 있는 구조가 또 있다. 집안일을 도우면 그 일에 따른 지급기준이 있다. 가장 큰 수익은 주일에 예배드릴 때 주보에 있는 말씀의 괄호를 채우면 2천 원을 지급하는 아주 큰 수익구조가 있다. 그러니 엄마 입장에서 보면 용돈도 적당하고 필요하면 벌어 쓸 수 있는데 올려달라는 것은 무리한 요구라 생각한다고 이야기한다. 하지만 막내하딸은 돈을 벌기는 싫고 용돈은 많이 줬으면 좋겠다는 마음이기에 요구를 들어줄 리 만무하다. 그렇기에 계속 조르고 있다.

그래서 마지막으로 내가 남긴 멘트 하나. "다른 집이랑 용돈을 비교하면 엄마도 다른 친구와 너의 성적을 비교해서 '너는 왜 공부 못 해'

라고 이야기하면 좋아? 각 가정마다 가치기준이 다르고 양육방법이 다른데 다른 집이랑 비교하는 것은 옳지 못한 것 같아. 만약 계속 그렇게 친구랑 비교해서 이야기하면 앞으로 엄마도 다른 친구들의 능력을 가지고 너랑 비교해야 하는 거니?” 라고 이야기하는 순간 막내하 딸의 투정이 끝이 난 것이다.

자신의 요구가 더 이상 합리적이지 않다는 것을 깨달은 것이다. 그러니 이제 용돈 이야기는 하지 않고 겨울이라 롱 패딩을 사달라고 조르고 있다. 이것은 수용가능하다. 롱 패딩이 없고 작년 대비 아이의 키가 너무 자라고 외적인 모습이 너무 성숙해버려서 작년의 입던 패딩을 입기가 곤란한 것을 알기에 패딩은 사주기로 하였다. 하지만 브랜드는 아니고 보세 옷을 사기로 하였다. 이것은 아이들과 집안 경제 사정을 공유하기 때문에 이야기하지 않아도 자신들이 알아서 결정하는 내용들이다.

과정 속에서 힘든 것도 있고 못해줘서 마음이 아픈 엄마 마음도 있고 자신이 가지고 싶은 것을 단념해야 하는 절제도 필요하다. 그렇지만 그 모든 과정을 지나 선택을 하면 결과가 나온다. 그럼 그 결과에 다른 책임과 수용은 본인의 몫이다.

그러한 것들을 배우길 원하는 엄마 밑에서 자라는 우리 하하하남매들. 어떨 때는 엄마가 마음근육이 약하여서 넘어질 때도 있다. 이러한 엄마의 양육법을 찾는 동안 흔들릴 때도 있었다. 그럴 때 우리 아이들도 흔들리고 같이 넘어지고 어떨 때는 넘어져 무릎이 까이는

불량엄마의 선택적 교육관

만큼 아플 때도 있었다.

하지만 우리는 회피하지 않고 직면하였기에 지금까지 함께 만들어 가고 있는 것이다. 우리 가정은 문화와 규칙들을 말이다. 정착하기까지의 단계들이 많았다. 또 사실 들어가 보면 별거 없는 것도 많다.

매년 12월이 되면 가족 송년회를 가진다. 말이 송년회지 늘 하는 외식에 이름을 가져다 붙인 것이다. 하지만 임하는 태도는 다르다. 그래도 1년을 돌아보기도 하고 내년을 기대하기도 하고 또 그래도 나름 송년회기 때문에 장소도 아이들과 함께 나름 좀 분위기 있고 좋은 곳으로 정한다.

그럼 왠지 무언가가 진행되는 느낌이 들고 엄마와 아빠도 말을 할 때 아이를 지지하는 말과 내년을 기대하는 말을 하게 되고 또 살짝 엄마의 의도된 말로 아빠에게 감사의 마음도 전하고 그렇게 해온 지 어느덧 한 5년 정도가 되어간다.

올해도 송년회 준비를 할 시기가 되었다. 아이들과 또 의논을 해야겠다. 내년에는 드디어 모두 중등이상으로 올라온다. 모두가 어른이 되는 것마냥 엄마 마음이 뿌듯해져 온다.

또 하나 문화를 들자면 초등학교 졸업을 하면 외국여행을 간다. 그렇게 해서 중국을 두 번 다녀왔다. 하군이 졸업할 때는 북경을, 하딸이 졸업할 때는 상해를 다녀왔다. 이유는 단 하나, 패키지가 저렴하기에 중국을 다녀온 것이다. 그러나 외국은 외국이니 나름 문화를 만들어 가고 있다. 그리고 지키려 애를 쓰고 있다.

올해는 막내하딸의 초등졸업이다. 아직 어딜 갈지 정하질 못했다. 올해는 경기가 좋지 않아 쉽지 않지만 그래도 다녀올 예정이다. 이왕 가는 여행이지만 이렇게 타이틀을 달면 아이들이 좀 더 행복해하는 모습을 볼 수 있다. 자신의 졸업을 가치 있게 여기고 또 자신의 졸업으로 인해 가족이 여행을 가는 것이니 무언가 가족에게 좋은 것을 주는 느낌이 드는 것 같았다. 이렇게 만들어 가는 하하하가족의 문화가 나는 좋다.

규칙도 하나 이야기 하자면 집안일을 돕는 것. 하군과 하딸들이 요일을 정해서 세탁기를 돌린다. 빨래를 너는 것은 싫다 하여 엄마가 한다. 그리고 무언가를 먹으면 마지막에 먹는 사람이 치우기 등 여러 가지 작은 규칙들이 있다. 소소하지만 이러한 규칙으로 인해 가정의 질서가 잡혀가고 있다. 이렇게 함께 선택한 것에 대해서는 지키려 노력하고 책임지려 한다. 나는 이러한 태도를 가르쳐주고 싶다.

이상 VS 현실

　하하하남매맘은 정리의 은사가 참 없다. 부끄럽지만 인정하는 수밖에 달리 방법이 없다. 나아지지 않으니. 어느 날 다이소에서 여러 가지 바구니 등 정리용품들을 사오다가 겨울에 환기가 잘되지 않는다는 생각에 향초를 사 가지고 오게 되었다. 그 향초로 또 우리 하딸들 불붙이고 하트모양을 만들고는 불을 끈다. "아이공 예뻐라~!"사진을 찍고 불을 켜니까 완전 다른 모습. 전등을 끄고 있을 때는 오직 촛불밖에 안 보여서 아름다워 보였는데 불을 켜니까 정리되지 않은 주변 환경이 다 보이는 것이 아닌가? 둘 다 사진을 찍어 SNS에 올렸더니 반응들이 오기 시작하였다. 지금 생각하니 부끄러운 줄도 모르고 지저분한 방을 공개한 것이 후회스럽기도 하다.

　난 가끔 주변 사람들에게 "아이들 참 잘 키우네요."라는 이야기를 듣는다. 들을 때마다 부끄럽다. 나를 잘 알고 우리 가정의 형편을 잘 알기에 부끄럽다. 특히나 앞에서도 이야기했지만, 엄마가 정리하는 은사가 없어서인지 우리 아이들도 정리의 은사가 없다. 그래서 늘 방이 너저분하다. 그나마 난 어른인지라 바닥에 늘어놓지는 않는다.

하지만 우리 하하하남매는 아직 엄마의 경지는 아닌지라 바닥까지 옷가지들이 늘어져 있다. 안 그래도 자매가 쓰는 방은 좁은데 더 좁을 수밖에 없다. 감사한 것은 우리만 알지 다른 사람들은 모른다는 것이다. 또 하나 밝히자면 엄마가 저녁에는 기본적인 것만 씻고 아침에 샤워를 하고 준비를 해서 나간다. 그러니 이 또한 마찬가지로 아이들이 저녁에는 손발을 씻고 양치만 하고 아침에 다들 샤워를 한다. 그러니 매일 아침마다 욕실이 전쟁이다.

작년 겨울 교회에서 수련회를 갔는데 우리 하군이 저녁에 잘 때 씻지를 않기에 전도사님께서 "넌 안 씻어?" 라고 물었더니 우리 하군 "전 아침에 씻는데요."라고 이야기하고 씻지도 않고 잤다고 말했다. 물론 여기서 안 씻었다는 이야기는 샤워를 하지 않았다는 것을 말한다. 하지만 늘 밤에 샤워하고 자는 사람 입장에서는 이해하지 못할 수 있다고 생각한다.

이렇게 들어와 보면 보이는 모습과는 다른 모습들이 있다. 밖에서 볼 때는 하하하남매들이 착하고 엄마 말씀 잘 듣는 것처럼 보일 것이다. 왜? 이 엄마는 그것만 강조하기 때문이다. 일반적인 아이들이 해야 하는 것을 엄마는 강조하지 않는다. 특히 집에서 공부하지 않는 것을 가지고 이야기하지 않는다. 그것은 자신의 선택이라고 생각하기 때문이다. 하지만 책을 읽지 않는 것은 이야기한다. 읽어야 한다고 강조도 한다. 평생 가지고 가야 할 습관이고 꼭 필요한 삶의 요소라고 생각하기 때문이다. 또한 영어학원은 보내지 않지만, 악기학원을 보낸다. 삶을 풍성하게 누리는 요소가 음악이고 또한 악기를 연주할 줄 앎으로써 더 깊이 누릴 수 있다고 생각하기 때문이다.

또 강조하는 것은 시간약속이다. 시간약속을 지키지 않는 것은 상대의 시간을 도둑질하는 것이라고 가르친다. 물질보다 중요한 것이 시간이라는 엄마의 관념 때문에 나온 교육이다. 그리고 본인이 할 수 있는 일에 대한 도움은 주지 않는다. 특별히 중요한 선택일수록 더 혼자 선택하도록 하는 편이다. 철저하게 자신이 선택하여야 동기와 책임을 질 수 있기 때문이다.

하하하남매의 말로는 주변의 친구들이 자신들을 부러워한다고 이야기한다. 일명 '학원 뺑뺑이'가 없기 때문이다. 그러나 그 친구들에게 지금 하하하남매가 사는 삶으로 바로 바꾸어 살라고 한다면 힘들어 할 것이다. 왜냐하면 수동적인 삶이 아니라 주도적인 삶을 살아야 하기 때문이다.

자신이 생각하고 방법을 찾고 문제가 생기면 해결하고 또 방법을 찾도록 엄마는 바라만 보기 때문이다. 물론 도움을 요청하면 도와준다. 하지만 그전까지는 바라본다. 죽이 되든가 밥이 되든가 바라본다. 바라보는 것은 정말 힘이 든다. 올해 막내하딸이 미국 합창단공연이 있어 2주간의 짐을 싸게 되었다. 물론 필요한 목록을 다 작성해서 보내주었다. 그러나 짐이 많기에 혼자 싸기는 힘이 들 것이었다. "짐 싸는 것 도와줄까?"라고 물었으나 자신이 싼다고 한다.

그렇게 5일간 짐을 싸는데 지켜보는 엄마는 화병이 날 뻔했다. 외부에서 보는 우리 막내하딸은 똑 부러진다는 말을 많이 듣는다. 자신의 일을 잘 해나가고 또 엄마의 도움 없이 알아서 잘하는 모습에 감사하기도 하지만 가끔은 엄마를 정말 힘들게도 한다.

이번에 짐을 싸는 경우도 그중 하나이다. 엄마가 싸는 것을 도와주면 빨리 끝이 날 터인데 이 아이는 오랫동안 혼자 싸면서 혹 없는 것이 있으면 이야기하고 또 혼자 싸다 없는 것이 있으면 이야기하고 이러니 구입을 하는데도 시간이 엄청 걸리는 것이다.

그러다 출국 전날 일이 터졌다. 흰색 속바지를 빠뜨려서 구입을 해야 하는 상황. 집에는 없고 명절 다음날이라 모든 가게는 다 문을 닫았고 홈플러스나 큰 마트에는 요즘 흰색 속바지는 입지 않으니 팔지도 않고 교복판매점에도 뛰어가 봤더니 그레이 속바지만 있고 흰색 속바지는 안 입기에 팔지 않는다고 한다.

이를 어쩌나, 이제 내일 새벽에 가야 하는데 어떻게 하나 고심하면서 차 안의 분위기는 싸해지고 그렇게 찾아다니다 문을 연 보세가게를 발견하였다. 얼른 뛰어 들어가서 흰색 속바지가 있느냐고 물었더니 있다는 것이다. "심봤다!"를 외치며 몇 개를 구입하였다. 혹시 다음에 또 없어서 못 살까 봐. 그렇게 우여곡절 끝에 모든 준비를 마치고 출국을 하였다.

그동안 짐을 싸느라 받은 스트레스는 말도 다 못한다. 다른 엄마들은 다들 이렇게 이야기한다. "그래도 애가 혼자 짐을 다 싸기 힘들 텐데 대단하다."라고. 그러나 모르는 소리. 엄마는 더 죽겠다. 내가 하면 정말 쉽다. 금방 끝난다. 아빠도 스트레스 받지 않는다. 하지만 지켜보는 것은 엄청난 내공이 필요하다.

그렇게 우리 막내하딸은 한고비를 넘겼고 다음에는 이러한 경험이 바탕이 되어 이번보다는 빠르게 빠뜨리는 것 없이 잘하지 않을까 생각한다. 이상과 현실은 이렇게 차이가 난다.

이상적인 엄마라면 혹여나 잘하지 못하더라도 웃으며 부드럽게 아이를 다독이겠지만 현실의 엄마는 그렇지 못하다. 스트레스를 엄청 받는다. 하지만 '이것도 다 내가 엄마의 모습을 찾아가는 과정이지 않나?' 라는 생각으로 흘려보낸다. 아빠는 더할 것이다. 엄마와 딸과의 갈등 구조를 알지만, 누구의 편도 들어줄 수 없는 상황. 이상적인 아빠라면 그래도 엄마의 편을 들어서 엄마의 권위도 세워주고 아이를 양육함에 부족함 없게 했겠지만, 현실에서의 아빠는 아이 편을 들어주고 싶다. 아이가 안 되어 보이기 때문이다. 굳은 교육관을 가진 엄마가 조금 유하게 아이를 봐 주기도 하고 달래기도 했으면 좋겠지만, 우리 가족은 그렇지 않기에 아빠가 부드럽게 아이를 대한다.

그러니 그 가운데에서 엄마와 딸의 관계를 틀어지지 않게 하려고 얼마나 눈치를 보겠는가? 그런 남편의 모습을 볼 때 미안해진다. 그러면서 하하하남매들이 부럽기도 하다. 가끔 내가 아이들에게 하는 말이 또 있다. "너희는 좋겠다. 아빠 같은 아빠가 있어서 말이야. 나는 그런 아빠 있으면 좋겠다."고 말이다. 그럼 아이들은 그런다. "남편 있잖아!"라고 말이다. 어찌 웃지 않을 수 있겠는가? 이런 상황에서 웃음이 절로 난다.

이렇게 들어가 보면 별다를 것 없는 가정에서 울고 웃으며 우리는 살아가고 있다. 사람들은 이야기한다. 다복해보이고 부럽다고. 어찌 보이는 것이 다이겠는가?

삼남매를 키운다는 것은 정말 만만한 일이 아니다. 특히나 나같이 엄마를 잘 못하는 아내 옆에서 남편 노릇, 아빠 노릇을 하기란 힘든 것이 사실이다. 또한 나 같은 엄마가 좌충우돌하면서 엄마의 역할을 제대로 하기 위해 찾아가는 과정에서 아이들도 힘이 드는 것 또한 사실이다. 그렇게 우리 하하하남매는 아직 미완성인 채로 살아가고 있고 만들어 가고 있다.

TV나 영화 속에서 아주 이상적인 가정을 볼 때가 있는가? EBS 같은 교육프로그램에서 바른 부모 행복한 가정의 모습을 보면서 부러워할 때가 있는가? 그러나 다 보여주기식으로 살 수 없다. 그들도 부딪히고 깨져가면서 만들어가는 것이다. 그중 일부만을 비추어 보니 아름답게만 보이는 것이다. 실제 들어가 보면 모두가 갈등이 있고 고민도 있는 삶이다.

하지만 다른 것은 하나 있다. 깨어진 가정과 아직 유지하는 가정의 차이점은 '그 모든 것을 직면하였는가? 회피하였는가?'이다. 힘들고 어려울 때도 있다. 그럴 때는 직면하고 해결이 될 때까지 포기하면 안 된다. 절대 꼭 버텨내서 그 어려운 일들 힘든 일들을 해결해내야 한다.

그리고 행복하기만 할 때도 있다. 그때는 있는 그대로 누리면 된다. 하하 호호 기쁘고 행복한 것은 가릴 필요도 숨길 필요도 없다. 있는 그대로 행복감을 충분히 누려야 한다. 이것이 이상과 현실에서의 차이점을 극복하고 해결할 수 있는 최선의 방법이 아닌가 생각한다.

우리는 그렇게 매일 매일 성장한다. 아무리 병이 든 화초도 사랑과 관심을 주면 다시 파릇파릇 새싹이 나는 것을 볼 수 있다. 병든 잎은 떨어지지만, 새싹이 올라 더 건강하게 자신의 색을 뽐내며 자란다. 그렇게 함께 만들어 모두의 가정이 되길 바라본다. 오늘도 이상을 꿈꾸는 현실적인 엄마의 소망이다.

비전 바라보기

보이지 않는 것을 믿어본 적이 있는가? 그중 대표적인 것이 사랑이다. 현재의 남편들을 사랑하고 연인을 사랑함으로 결혼을 한 부부가 대부분이다. 물론 사랑이 뭔지도 모른 채 홀려서 결혼을 했다는 분들도 종종 계시지만 그래도 대부분 상대를 사랑함으로 결혼을 하였다. 그럼 사랑은 보여지는가? 아니면 느껴지는가? 믿어지는가? 나는 질문이 좀 많은 사람이다.

남편과 함께 장시간 차를 타고 가면 나에게 뒤에 가서 앉기를 원한다. 참 이상하다고 원래 보조석에 앉아서 이야기하면서 잠이 오지 않도록 해주고 하는 것이 맞는 거 아니냐고 물어보면 남편을 이렇게 이야기한다. "그럼 말을 하지 왜 자꾸 질문을 하냐고."

나는 늘 잘 물어본다. 어떨 때는 직설적으로 물어볼 때도 있다. 궁금하기 때문이고 상대의 마음을 잘 몰라서 물어보는 것이다. 그래서인지 가끔 눈치가 없다는 이야기를 듣기도 하였다. 물론 지금은 보낸 세월이 만만치가 않아서 눈치가 없는 정도는 아니지만, 아직도 질문이 많다.

불량엄마의 선택적 교육관

또 가끔 오해를 살 때도 있다. 의견에 반대해서가 아니라 경우의 수를 생각할 때 잘 모르면 질문을 하기도 한다. 그러다 보니 상대방이 싫어하는 경우가 종종 있다. 이렇게 우리나라는 질문하는 것을 싫어하고 받는 것도 싫어하는 것 같다. 그래서 남편의 옆자리에서 쫓겨날 때가 있다.

다시 본론으로 돌아가서 사랑하는 마음은 눈에 보이지는 않는다. 하지만 느껴지고 믿어지기에 결혼을 하였다. 그럼 삶을 살아가면서 이렇게 보이지 않지만 믿어지는 것들이 또 있는가? 난 그것이 비전이라 생각한다. 나의 비전, 남편의 비전, 아이들의 비전, 하하하남매 가족의 비전 등등 여러 가지가 있다.

먼저 나의 비전은 퍼주는 삶이다. 난 많은 청소년과 엄마들에게 퍼주고 싶다. 내가 가진 시간, 물질, 삶 등을 퍼주어 그들로 하여금 가정이 있음에, 자녀가 있음에, 부모님이 계심에 감사하는 삶을 살게 하는 것이 나의 비전이다.

하하하남매 가정의 내가 바라보는 비전은 하하하남매 찬양팀을 결성하여 우리 가족만 가면 모든 악기세션이 팀이 되어 찬양집회를 할 수 있도록 하는 소망을 가지고 있다. 물론 지금은 보이지 않는다. 하지만 조금씩 현실화되어 가는 것을 느낀다.

먼저 나의 비전을 이루기 위해 하고 있는 작은 일이 있다. 일명 '밥 묵자프로젝트' 각박한 세상에 밥 한 끼 하면서 고민이나 자신의 삶을 이야기 나누는 것이 목적이다. 밥값은 1만 원 이내로 내가 지불하고 이야기를 들어주는 것이다. 무조건 밥을 먹지는 않는다. 대부분 커피를 마시며 이야기를 나눈다. 밥을 먹고 싶은데 아직 모르는 대상과 밥을 먹는 것은 불편할 수도 있다는 생각도 들고 밥값을 내가 지불하는 것이 미안한 생각도 드는 듯하였다.

어느덧 이 프로젝트는 벌써 8번째 만남을 준비하고 있다. 가끔 내가 커피를 사면 케익을 사시는 분들도 있으시다. 청소년을 만나기도 하고 엄마를 만나기도 하고 초등학생을 만나기도 한다. 상담을 해주는 것은 아님을 꼭 명시한다. 난 그저 이야기를 들어주는 것뿐이다.

때론 낯선 누군가에게 나의 이야기를 털어놓고 싶을 때가 있지 않은가 아는 지인에게 더욱 자신의 이야기를 털어놓기가 쉽지 않을 때 그때 나를 불러달라는 것이다. 이렇게 한주씩 만남을 이어가고 있다.

또 우리 하하하남매에게도 조금씩 모습을 만들어 가는 중이다. 악기를 각자 하나둘 정도는 다룰 줄 알아가고 작은 자리지만 연주할 곳도 생겨가면서 자신의 영역을 만들어 가는 중이다. 이번 겨울 방학에는 작곡을 좀 배울 수 있으면 좋겠다는 생각을 해본다. 그럼 곡도 우리 안에서 만들고 연주도 하고 노래도 부를 수 있으면 완벽할 텐데 라는 바람. 바람이 현실이 되는 날을 꿈꾸어보고 상상해보면 행복하다.

그런데 왠지 가능할 것 같은 무한한 믿음이 생기는 것은 무엇 때문일까? 물론 아이들이 동의하지 않을 수도 있다. 하지만 여태까지는 자신들의 동의로 잘 따라와 주고 있어 감사하다.

나의 이기적인 마음으로 이끌려 가는 것이 아니기를 바라면서 나는 오늘도 꿈을 꾸며 행복해한다. 하군에게도 비전이 있기를 바란다. 아

불량엄마의 선택적 교육관

직까지는 어떻게 하면 좋을지 잘 모르는 것 같다. 그러면서 애써 괜찮은 척하는 모습이 있다. 마음도 그런지는 모르겠지만 그렇다고 힘들어하지 않으니 감사함으로 바라보고 있다.

하딸도 특별히 바라보는 방향이 있지는 않은 것 같다. 막내하딸도 마찬가지이다. 그러나 걱정하지 않는다. 목표가 없다고 살아가는 목적이 없는 것은 아니니. 어릴 때부터 엄마가 늘 심어준 마음이 있다.

'어디에 있든 선한 영향력을 끼치는 사람이 되어라!'

이것이 내가 아이들에게 심어주는 삶의 목적이다. 물론 나와 다르게 살아갈 수도 있다. 그것은 그들의 선택이니 내가 관여할 수 있는 부분은 아니다. 하지만 나쁘다면 목숨을 걸고서라도 관여해서 선함으로 돌릴 것이다. 이것이 우리 아이들이 삶 속에서 가지는 비전이다. 모든 것은 개인과 가정에서 출발한다. 그렇지 않고서는 경험해 볼 곳이 잘 없다. 실수해도 용서받을 수 있는 곳이 가정이 아니라면 어디로 가야 하겠는가?

현 사회에서 가장 안타까운 것은 가정이 깨어지는 것이다. 너무 마음이 아프다. 가정에서는 아빠의 역할, 엄마의 역할, 자녀의 역할이 다 필요하다. 어느 하나 중요하지 않은 부분이 없다. 그런데 하나의 역할이 부재라면 그만큼 채워지지 않은 빈자리가 있을 수밖에 없다. 또한 자녀를 많이 낳지 않기에 생기는 빈자리도 만만치 않다.

그러다 보니 갈수록 사회공동체는 개인주의로 가고 있고 자신만을 생각하고 타인을 배려하지 않는 사회. 거기다 산업은 발전에 발전을 더하여 예상할 수 없을 만큼의 변화를 가져오고 있다. 오프라인의 관계보다 온라인의 관계를 더 잘하는 시대. 그러니 이 시대의 진정한 대안은 사람이 아닌가 생각해 본다.

사람을 향한 비전을 가져야 한다. 개인의 욕심과 탐욕에 의해 나만 잘되면 된다는 미성숙한 삶의 목표가 아닌 사회를 하나의 공동체로 인식할 수 있는 시선과 생각이 갖추어져야 한다. 그것은 학교에서 배우기란 힘이 드는 것이 사실이다. 가정에서 배워야 하고 가정에서 가르쳐야 한다. 그러니 가정공동체가 가진 비전이 얼마나 중요한지를 깨달을 수 있다.

지금 이 책을 읽고 있는 독자들은 가정공동체가 가지고 있는 비전이 있는가? 아이들에게 심어주는 삶의 목적과 가치가 있는가? 없다면 고민해 보아야 한다. 그리고 우리 아이들에게 찾아서 심어주어야 한다. 더불어 살아가는 사회임을 알려주어야 한다.

혼밥, 일코노미, 욜로족 등등 혼자만을 생각하게 하는 단어들과 의미들이 넘쳐나는 사회이지만 그래도 그들은 외롭다. 외로워한다는 통계도 있다. 하지만 함께하지 않는다. 함께하는 것이 불편하기도 하고 힘들기도 하기 때문에 하지 않으려 한다.

나 또한 그러한 사람이었다. 혼자가 편하고 혼자 하는 것이 효율적이고 혼자 하는 것이 그냥 간편하였다. 하지만 가정을 이루고 세 아이를 키우며 살다 보니 함께하는 것이 좋다. 함께함이 행복하다. 그들이 없으면 삶의 의미가 없다. 이것이 함께 하기에 더욱 풍성히 누리는 삶이다.

우리는 존재 자체로 비전을 꿈꿀 수 있다. 현 사회의 젊은 세대는 비전은 사치라 여기는 것 같다. 아니다. 비전은 삶의 전부일 수 있다. 연애할 때는 사랑이 전부인 것처럼 느껴진다. 결혼하고 아이를 낳고 살다 보면 사랑이 실제로 전부이다. 그렇기에 함께하는 비전을 꿈꿀 수 있다. 함께 더불어 사랑하고 행복을 나누는 것이 얼마나 큰 가치가 있는 것임을 알게 된다. 이렇게 하나를 더 생각해 보게 된다. 그리고 꿈꾸게 된다. 가치 있는 삶을 살기 위한 나만의 비전이 없다면 꿈꾸어보라! 나의 비전과 가정의 비전을….

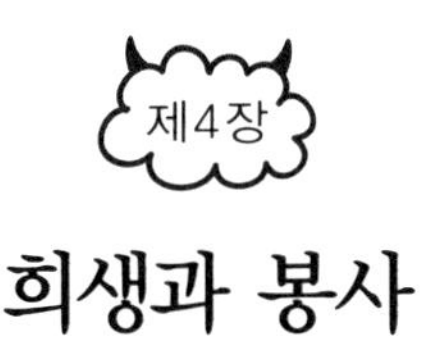

제4장

희생과 봉사

> 엄마의 희생과 봉사 너무 당연히 여기는가?
> 우린 너무나도 바보처럼 연속적으로 주어지는 것에 대해서는 무감각
> 하게 대한다.
> 늘 그렇게 주어지는 것이 한순간에 사라지면 어찌할 줄을 모르면서
> 말이다.

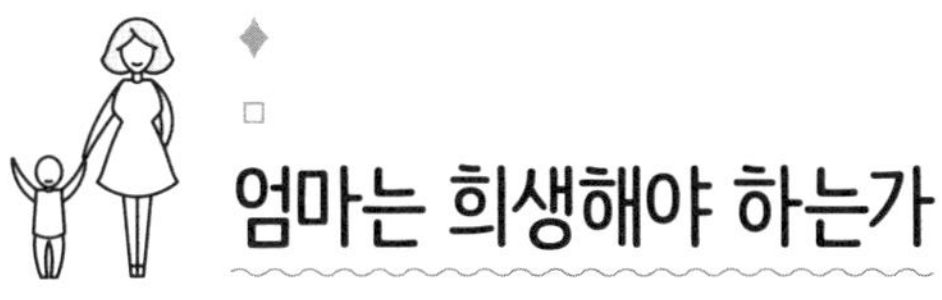 

엄마는 희생해야 하는가

아이가 태어나서 백일 아니 돌이 될 때까지 엄마는 항상 아이와 한 몸이다. 임신했을 때에는 뱃속에 있었기에 그렇다 할지라도 태어나서도 아기는 거의 한순간도 엄마 곁을 떠나질 않는다. 난 그때를 기억한다. 아이가 잘 때도 나의 다리 위에서, 가슴 위에서, 등 뒤에서 잠을 잔 것을 기억한다. 난 거의 혼자서 잠을 잔 적이 없었다. 아기가 백일이 될 때까지 말이다. 물론 이건 어쩔 수 없다. 아기가 홀로 할 수 있는 것이 아무것도 없기에. 하지만 유치원을 다닐 때쯤이 되면 아이가 스스로 할 수 있는 것이 엄청나게 많아진다. 사실 5살 정도가 되면 엄마가 해줄 것이 별로 없다.

이 사실을 난 셋째가 5살이 될 때쯤에 깨달았다. 얼마나 바보 같은가? 그리고 또 얼마나 아이에게 주지 못한 기회가 많은가? 신발을 혼자 신을 기회, 옷을 혼자 골라 입을 수 있는 기회, 자신의 물건을 선택할 수 있는 기회를 큰아이에게는 왜 주지 못한 것일까? 어린이집 도시락, 숟가락, 포크까지도 내가 그냥 임의로 다 정해서 보내준 것이다. 아침에 입을 옷을 아이에게 물어보지도 않고 정해서 입혀주고 그 모든 것을 결정할 때 얼마나 많은 이야기를 나눌 수 있는데 그 기회를 다 엄마가 가져간 것이다.

왜 그랬을까? 이유는 분명하다. 아이이기 때문에 할 줄 모를 것이라는 나 자신의 생각에 갇혀 그냥 해버린 것이다. 그렇게 하는 것이 당연한 것이라고 생각했다. 어리석게도.

사실 가정에서 엄마의 역할을 잘 모르는 사람들이 많다. 물론 각 가정마다 조금씩 차이는 있겠지만 대부분 비슷한 역할을 한다. 그중에서도 가족들의 식사를 책임지는 것이 엄마의 역할 중 가장 큰 비중을 차지한다. 특히 어린 아이가 있는 집은 혼자 해 먹을 수 없기에 더욱더 그렇다.

요즘 하딸이 무언가를 계속 싸가지고 간다. 그렇게 며칠을 열심히 싸가더니 귀찮다고 이제 싸가지 않는 것이다. 내가 물었다. "다른 아이들도 이제 안 싸오니?"라고 그랬더니 5~6명 정도는 싸오는데 그 아이들은 엄마가 싸주기 때문에 괜찮은데 자신은 스스로 싸가야 하기 때문에 귀찮아서 안 싸간다는 것이다. 그래서 "그럼 아침을 먹고 가." 그랬더니 그건 또 싫다고 한다. 급식을 하는 이 시대에 다시 예전처럼 도시락을 싸가지고 다녀야 하는 일을 해야 하는가? 라는 생각이 들었지만 난 하지 않겠노라 했다.

물론 싸줄 수도 있지만, 자신이 아침을 먹고 가면 해결 될 일인데 엄마가 매일 소풍을 가듯 매번 다양한 반찬으로 밥을 쌀 수는 없는 일. 워킹맘들에게는 정말 힘든 일이 아닐 수 없다. 전업주부도 매일

불량엄마의 선택적 교육관

소풍은 힘이 들지 않겠는가? 물론 하딸이 엄마에게 요구하는 사항은 아니다. 그렇지만 그런 이야기를 듣고 해주지 못하는 엄마 마음이 아픈 것은 사실이다.

왜 아파해야 하는가? 엄마이기에 당연한 일인가 희생함이 봉사함이 말이다. 1년에 두 번 소풍 기꺼이 마음을 담아서 자신들이 원하는 메뉴로 아침에 두 시간을 준비해서 싸준다. 그래도 괜찮다. 특별한 날이니 더 즐겁다. 중학교만 가도 도시락문화는 찾아볼 수가 없다. 다들 친구들과 모여서 맛난 점심을 사먹는다. 그렇기에 용돈을 주면 된다. 그런데 중학생이 된 지금 다시 도시락이라니….

미안한 마음에 이야기가 길어진다. 미안해하는 내 모습도 싫다. 너무 당연히 여기는 모습이 싫기 때문이다. 엄마에게도 엄마의 일이 있다. 여러 가지 해야 할 자신만의 일이 말이다. 물론 아이들이 알기에 강하게 요구하는 것은 아니다. 내가 물어봐서 이야기하는 것이지.

대한민국의 만연한 이런 문화가 싫다. 부모는 자녀를 위해 당연히 희생하고 봉사하여야 한다는 문화. 앞에서도 계속 이야기했지만, 가족은 공동체이다. 함께 만들어가는 것이지 누군가의 계속된 희생으로만 유지되는 것이 아니다. 또 자신의 희생이 즐거우면 괜찮다. 봉사의 진정한 의미를 갖고 하기에 너무나도 아름다운 모습이다. 하지만 그렇지 않은 경우도 많다. 엄마도 아빠도 자신의 것을 생각하고 만들어가야함이 당연하다. 그렇게 함께 성장함이 가장 이상적인 가정의 모습이다.

또 이면을 바라볼 때 우리 부모님들의 희생이 없이 내가 존재하는

가를 보면 또 그렇지 않다. 시어머니의 현재의 모습을 보아도 그렇다. 매주 주일 저녁을 해주시기는 쉽지가 않다 그것도 밥을 하고 설거지까지 하는 모습을 보면 참 난 복 많은 며느리구나 하는 생각이 든다. 그저 며느리이기에 사랑해주시고 챙겨주시고 그것이 자신의 낙이라며 말씀하시는 어머니. 친정엄마도 그렇다. 내가 갔을 때 항상 먹고 싶은 것을 물어보시고 해주시고 집에 올 때는 밑반찬을 가득 챙겨주신다. 그것도 좋아하고 잘 먹는 것으로만 담아서 말이다. 이 또한 엄마의 행복인 것이다.

그런데 난 그렇지 않다. 아이들에게 맛있는 밥을 해주는 것이 아니라 그냥 함께 이야기하고 뒹굴뒹굴거리며 까르르 웃는 것이 행복하다. 그럼 우리 아이들은 어떻게 생각할까? 한 번도 이 질문을 해본 적은 없다. 그러나 쿨 하게 "괜찮아."라고 대답을 할 것도 같다.

며칠 전 밤 10시 되었는데 과자가 너무 먹고 싶은 것이 아닌가? 난 스낵을 좋아한다. 그래서 아이들과 가끔 멀티팩으로 파는 과자를 1인 한 봉지씩 사가지고 와서 큰 볼에 부어놓고 먹을 때도 있다. 이런 소소한 행복감을 난 좋아한다.

그날도 먹고 싶어 남편에게 먹고 싶다 졸랐더니 남편이 하군을 부르는 것이 아닌가? "아들 엄마가 과자 먹고 싶다 하니 좀 사올 수 있어?"라고 이야기하니 다녀오겠다는 것이다. 하지만 난 밤늦게 아이를 보내는 것이 싫어 먹기 싫다고 둘러댔다. 그랬더니 하군이 차에 가방을 두고 왔다고 가방을 꺼내오겠다며 나가는 것이 아닌가? 어찌나 귀여운지 중3 아들의 그 재치로 크게 한번 웃을 수 있었다. 하군은 과

불량엄마의 선택적 교육관

자를 6봉지 사왔는데 엄마가 좋아할 만한 것이 2개가 보이길래 여분
으로 하나 더 사온 것이란다. 그리고는 자신이 좋아하는 콜라까지 사
들고 왔다. 그 밤에 나가는 것이 싫었을 텐데 우리 하군 아무렇지 않
게 다녀온다.

이것은 희생일까 즐거움일까? 그렇다. 가족공동체는 이렇게 행복하
게 살아가는 것이다. 그날 저녁 우리는 한 봉지씩 과자를 들고 행복
한 밤을 보냈다. 희생이 필요한 것이 아니다. 봉사가 필요한 것이 아니
다. 즐겁게 행하는 것이 필요한 것이다. 난 아이들과 행복하게 살아가
고 있다. 다른 누군가가 보면 엄마가 너무 아이들을 챙기지 않는다 할
수도 있다. 그렇지만 우리는 괜찮다. 자신의 일은 자신이 해나가야 함
을 이미 알고 있고 그렇게 자라고 있다. 난 항상 집에서 무언가를 할
때 아이들의 도움을 요청한다. 저녁을 준비해도 도와 달라 그러고 밥
상을 차릴 때도 자신의 식기 정도는 자신이 들고 가기를 권한다. 반
찬을 옮기는 일도 도움을 요청하고, 바쁠 때는 반찬을 조리하는 일도
부탁한다. 그리고 함께 맛있게 밥을 먹는다.

이러면 안 되는 것인가? 밥은 모두 엄마가 다 하고 반찬은 다 엄마
가 조리해서 다 차려두고 '얘들아 밥 먹자.' 하면 모두 나와서 밥을 먹
어야 하는가? 그렇지 않아도 괜찮다.

우리 가족은 수요일에 참 바쁘다. 수요 찬양팀을 다 같이 섬기고 있
고 그날 레슨을 받는 아이도 있어서 저녁시간을 많이 쓸 수가 없다.
그래서 외식 아닌 외식이 많다. 그것도 모두가 좋아하는 김떡순오튀

를 엄청 좋아한다. 이것은 모두 엄마 때문에 그렇게 된 것. 단골 분식집에 가면 떡볶이, 순대, 어묵을 먼저 1인씩 시키고 그래도 저녁이니 김밥을 한 줄 시킨다. 그러고는 가서 튀김을 좋아하는 대로 담아서 온다. 그렇게 순식간에 분식이 사라지는 기이한 일을 경험하게 된다. 이렇게 수다를 떨며 맛있게 저녁을 먹는다. 난 이 순간이 행복하고 아이들도 즐거워한다.

하지만 한편에서는 이렇게 말할 수도 있을 것이다. "애들 밥으로 그런 것을 먹이면 안 된다. 크는 아이들에게 밥을 먹여야지. 엄마가 집에서 밥을 해서 먹여야지. 그런 식사를 하면 안 된다."고 말이다.

정말 그러한가? 밥은 정성껏 해서 먹이는데 그 밥 먹는 시간에 말의 독을 쏟아내는 것은 아닌가? 물론 먹는 것도 중요하다. 하지만 더 중요한 것이 정서적인 마음이다.

누구나 음식은 좀 가려서 먹으려고 노력하지만, 말을 가려서 하려는 노력은 하지 않는다. 특히나 자라는 아이들에게는 먹는 것도 중요하지만 그들의 자아정체성을 찾고 안정화하기 위해서는 가족 간의 대화나 분위기에서 행복감을 느껴야 한다.

우리 정말 알아야 한다. 정성스레 차려진 밥상처럼 정성스러운 대화와 행복감을 아이들에게 늘 주어야 하는 것을 말이다. 엄마는 희생하는 존재가 아니다. 아이들 그리고 남편과 함께 행복한 가정을 만들어가는 존재이지.

불량엄마의 선택적 교육관

자기만의 삶을 찾아라!

　다시 말하지만 하하하남매의 나이 터울은 합하여서 3살이다. 막내를 등에 업고 둘째를 유모차에 태우고 큰아들은 손을 잡고 길을 걸어가면 많은 사람들이 나를 쳐다보았다. 눈빛은 안타까움을 가득 담은 채로 말이다. 가끔은 그런 눈빛이 싫었지만, 그때에는 그런 마음을 가질 여유도 없이 그렇게 그냥 살았다. 당장 아이의 손을 잡고 유모차를 끌고 가야 하니 다른 생각을 할 틈이 있었겠는가?

　그렇게 정신없이 지내는데 남편과의 갈등이 가끔 생기면 그렇게 하군이 미워 보이는 것이었다. 하군은 아빠랑 정말 판박이다. 크면 클수록 더 닮아가는 것 같다. 나의 생활 속에서 나는 없고 아이들만 있으니 인지하지 못할 뿐. 삶의 불만이 마음속에 쌓였던 듯하다. 그러니 남편이 조금만 잘못해도 용서가 되지 않고 화가 나고 그러면 아이들에게 화를 버럭 내고 하군을 혼낸 것이다. 그러다 막내가 어린이집을 가고 나서 오전에 나의 시간들이 생겼다. 그러니 조금씩 달라지기 시작하였다. 여유가 생겼다. 무엇을 하면 좋을지 고민도 하게 되었다.

고민의 결과로 무언가를 배우러 다니게 되었다. 그것은 바로 드럼이었다. 남편이 기타를 연주하는 모습이 너무 멋져보였다. 그러면서 나도 악기를 하나 연주하면 좋겠다는 생각에 선택한 악기 드럼. 나의 조금은 털털한 성격과 잘 맞았다. 그렇게 문화센터에 드럼을 배우러 가고 영어도 배우러 다녔다. 그러면서 조금씩 내 자신을 채워갔다. 또 그때쯤 우리 집은 내가 다니는 교회와 아주 가까웠는데 교회에 작은 도서관이 생긴 것이다. 거기는 애기 엄마들의 사랑방이었다. 교대로 돌아가면서 봉사를 하고 그러다 보니 자연스레 젊은 애기 엄마들이 모이게 되고 수다를 떨다 시간이 조금 늦으면 아이들도 도서관으로 오게 하여 함께 책도 보고 수다도 떨고 하는 그런 장소가 되었다. 그러나 열심히 수다만 떨고 정작 나 자신을 위한 독서는 하지 않았다.

그렇게 시간을 흘려보내다가 문득 나 자신에게 질문을 하게 되었다. "아이들이 다 자라서 엄마의 손길이 더 이상 필요치 않으면 넌 무엇을 할래?" 라는 질문. 그 질문에 열심히 해답을 찾으려 애쓰다 보육교사와 사회복지사라는 자격증을 알게 되었다. "난 세 아이의 엄마이다. 그럼 아이들을 두고 밤늦게까지 일을 할 수 있는가?" 라는 질문에 "아니"라는 대답이 나왔고 "그럼 넌 어떻게 할 거야?" 라는 질문에 "학교로 가고 싶다!"는 답을 찾게 되었다. 그렇게 막연하게 학교에서 근무하면 좋겠다고 생각을 했지만 내가 갈 수 있는 학교의 직종이 없었다. 그때 참 후회가 밀려왔다. 난 왜 미스일 때 좀 더 생각을 하고 살지 않았는가? 좀 자신을 돌아보면서 채워가는 시간을 가졌으면 좋았을 텐데 나는 할 줄 아는 것이 하나도 없었다.

불량엄마의 선택적 교육관

그러던 중 교회 집사님께서 학교 조리사원으로 근무하시다가 특수 실무원이라는 직종이 있는데 면접을 보고 왔고 최종합격을 받았다고 했다. 그때까지 나는 그런 일을 하는 직업이 있는 줄 몰랐다. 그래서 인터넷에 알아보니 사회복지사나 보육교사로 들어갈 수 있다는 정보를 알게 되었다. 마침 길도 찾지 못한 채 공부를 하고 있었지만 이렇게 연결이 된다고 하니 너무 기뻤다. 하지만 아직 1년은 더 공부해야 자격증이 나오기에 급하게 민간자격증을 취득하려 인터넷강의를 듣고 시험을 치러 그 먼 거제도까지 가서 시험을 보고 자격증을 발급받아 학교 모집에 서류를 넣을 수 있었다.

하지만 2곳에서 불합격을 받았다. 물론 다른 사람들보다 이력서의 학력란이 너무도 초라했다. 고졸에 국가자격증은 아직 없고 민간자격증 하나 달랑 가지고 이력서를 넣으니 합격할 리는 만무하였다. 그러나 뜻이 있는 곳에 길이 있다고 마지막 한 곳에서 연락이 왔다. 면접을 보러 오라는 것이다. 그렇게 면접을 보면서 나는 대답에 최선을 다했다. 그날도 나에 비해 너무나도 많은 스펙을 가진 면접자들이 많이 있었다. 나는 너무도 마음이 무겁고 갑갑하였다. 면접을 보고 집으로 돌아와 '또 안 되겠구나. 내년에 다시 도전해야지!'라는 마음으로 있는데 다음날 학교에서 연락이 왔다. 계약서를 쓰러 오라는 것이었다.

너무 당황하였다. 기대하지 않았기에 너무 좋았고 또 한편으로는 '그럼 우리 아이들은 어떻게 하지?'라는 걱정이 다시 시작되었다. 막내가 초등학교를 입학할 시기였는데 우리 집은 주택가였다. 왠지 두려움이 밀려왔다. 엄마가 없이 있어야 할 때도 있는데 주택가는 너무

위험하지 않은가. 그리고 학교 주변이 재개발로 인해 우범지역이었다. 이러한 걱정이 또 나의 발목을 붙잡았다.

그 걱정을 시작으로 내가 사는 지역에 가장 안전한 아파트를 찾기 시작했다. 얼마나 네이버 지도를 뒤졌는지 모른다. 그렇게 찾은 곳이 학교와 아파트가 담벼락 하나로 바로 붙어있는 곳을 찾았다. 바로 이 곳이라는 생각에 공인중개사를 찾아갔지만, 세상에 매물로 나온 아파트가 하나도 없는 것이 아닌가. 거기다 그 시점에는 그 아파트를 사면 안 되는 시점이었다.

오를 대로 오르고 매물도 없는 상태라 사실 조금 더 관망하고 기다려야 했는데 나는 그럴 수가 없었다. 당장 학교가 개학을 하면 출근을 해야 하고 막내하딸도 학교에 입학해야 한다. 그러면 지금 있는 집에서는 도저히 내가 일을 다닐 수가 없었다. 적어도 나의 마음은 그랬다.

남편은 학교 옆 가까운 다른 아파트들도 많으니 조금 더 알아보자고 했다. 나는 다른 아파트는 필요 없었다. 이 아파트 아니면 출근을 못한다고 난 고집을 피웠다. 마음 약한 남편은 어쩔 수 없이 나의 의견에 동의해 주었고 공인중개사에게 나오는 아파트가 있으면 꼭 연락을 달라는 말을 남기고 집으로 돌아왔다.

며칠이 지난 후 공인중개사에게서 연락이 왔다. 매물이 있다고 말이다. 퇴근한 남편과 후다닥 달려가서 집을 둘러보았다. 특별히 인테리어가 잘 되어있지는 않았지만 나름 괜찮았다. 들어가는 이유와 목적이 좋은 집에 살려는 것이 아니니 만족하였다. 그래서 간단히 거실 창문샷시만 교체하고 두 딸이 사용할 방이 좁아 베란다를 확장하고 나머지는 그냥 다 쓰기로 하였다. 시간도 부족하였고 마음의 여유가 더 부족한 상태라 그렇게 마무리를 하고 입주하였다. 그렇게 아이들은 전학을 하게 되었고 새로운 곳에 둥지를 틀었다.

감사한 것은 주변에 하하하남매 또래의 친구들이 많이 있었다. 같은 선교원에 다니는 친구들이 대부분 근처에 살았고 하군도 제일 친한 교회친구가 다니는 학교라 낯선 것은 별로 없었다. 그렇게 자리를 잡고 겨울방학을 새로 이사한 집에서 보낸 후 3월, 봄날에 나는 다시금 첫 출근을 하였다. 막내는 언니와 오빠가 다니는 학교에 입학했고 그렇게 난 하하하남매맘이 아닌 사회인 김정희로 다시 태어나는 순간을 맞이했다. 기분이 좋았다. 뿌듯하였다. 걱정도 되었지만 좋은 것이 걱정보다는 더 컸기에 가뿐한 마음으로 출근했다. 그렇게 나의 제2의 인생이 시작되었다.

지금 돌아보면 참 설레었고 아직 집에 있던 아줌마의 티를 벗지 못한 채 나간 사회의 첫 발걸음이었지만 좋은 분들이 너무 많아서 잘해 나갈 수 있었다. 출근하고 뒤에 듣게 된 후문인데 정말 이력서로는 내가 제일 꽝이었다고 했다. 하지만 면접에서 담당교사가 나를 잘 본 것이다. 나의 대답에서 자신이 듣고자 한 대답이 나왔다고 한다. 그 단어는 '소통'이었다. "일방적으로 아이를 가르치거나 하지 않고 아이랑 소통할 수 있도록 노력하겠다."라는 나의 대답이 그 마음을 움직인 것이다.

나와 함께 지내게 될 아이는 5학년 남자아이였는데 청각장애를 가지고 있었다. 참 난감하였다. 청각장애라 말이 들리지도 않고 수화도 되지 않았다. 그래도 감사한 것은 글로 쓰면 대부분 다 알아들을 수 있었다. 수학은 또래 학년대비 뒤떨어지지 않았지만, 국어가 잘되지 않았다. 그도 당연한 것이 그 아이가 소통할 수 있는 언어가 없으니 어찌 국어가 잘 될 수 있겠는가?

하지만 아이는 수화를 배우지 않았다. 나중에는 괜찮아질 것이라는 부모님의 기대가 그 아이에게 수화를 가르치지 못하도록 가로막고 있었다. 어떻게 하랴 내가 할 수 있는 것이 없음에 마음이 아팠다. 그래도 혹여나 나중에 마음이 달라져서 배울 수도 있으니 나는 수화를 배우러 다녔다. 나라도 배워서 가르쳐 주고 싶었다. 하지만 부모님이 싫어하셨다. 그래도 조금씩 내가 배운 것을 가르쳐주었다. 간단한 소통 정도는 글을 쓰지 않고서도 가능하게 된 것이다.

그러나 그 마음을 다 알아가기에는 터무니없이 부족했다. 특히나 아이들과 갈등이 생기면 그 아이를 이해시킬 수 있는 소통의 수단이 없었다. 글로 쓴다 하여도 다 이해할 수 없었고 친구들도 소통이 되지 않으니 사춘기라는 예민한 시기에 들어선 아이들과는 종종 갈등이 생겼다. 그래도 반 친구들은 착했다. 먼저 배려해주려 하고 어릴 때부터 봐온 친구이기에 허물없이 대해주고 어울려 놀기도 하였다.

그렇게 6학년까지 2년을 함께 생활하고 졸업을 하였다. '중학교에 가서는 어떻게 할까? 어쩌면 좋지?'라는 걱정을 하면서 아이를 보내었다. 그러면서 나도 참 많이 자랐다. 세 아이의 엄마만이 아닌 사회의 구성원으로서의 한 역할을 해내고 있다는 생각에 나의 자존감이 많

불량엄마의 선택적 교육관

이 높아져 갔다.

그때 그 학교에서의 생활을 기반으로 난 자기계발에 많은 관심이 생겼다. 그 당시 김미경 강사와 김창옥 강사가 한창 주가를 올리고 있을 때였다. 난 매일 김미경 강사의 강의를 보면서 가슴속에 꿈틀대는 자아를 발견하게 되었고 그때부터 나의 진정한 독서는 시작되었다. 책 읽는 것이 습관이 되지 않은 나는 독서가 보통 힘든 일이 아니었다. 그런 나에게 책 읽는 재미를 가져다준 책은 홍대리시리즈. 책 내용도 쉽고 양도 작아서 한 권을 후딱 읽게 되었다. 그렇게 나는 나 자신의 다른 영역도 채워가기 시작하였다.

자녀도 하나의 독립된 인격체

나는 하하하남매 가족을 너무 사랑한다. 삶의 전부다. 매일 아침 같은 일상을 반복하여 시작하지만, 아이들의 키가 한 뼘 자라니 감사하고 애기만 같았던 아이들이 청년이 되어가고 소녀가 되어가는 모습에 나는 세상 무엇과도 비교할 수 없는 행복과 기쁨을 느낀다.

유치원을 지나 초등학교를 마무리하고 중학교 입학. 이제는 하군이 고등학교를 바라보고 있다. 언제 이리 자랐나 싶다. 세월은 정말 빨리도 지나간다. 내 등에 업혀 있을 때는 진짜 빨리 좀 컸으면. 그래서 혼자 알아서 결정하고 일을 처리해 나갔으면 하는 생각을 많이 했었다.

그런데 어느덧 그때가 다가오고 있다. 자신이 자신의 삶을 온전히 책임지고 나아가야 할 그때가. 그러기 위해서 아이도 준비해야겠지만 나도 준비를 해야 한다.

우리는 서로가 독립된 인격체, 그렇기에 존중이 필요하다. 존중받는 삶이란 자신의 삶의 가치를 느끼게 한다. 유치원생 아이에게 질문을 하여 보라. 그들의 생각을 물어보기. 자신의 생각이 없는 아이는 한 명도 없다. 혹여나 없다면 친구의 생각을 좇아서라도 간다. 그것 또한 그 아이가 선택한 생각의 결정이니 존중함이 마땅하다.

얼마 전 네 가정이 모여 식사를 함께 하게 되었다. 그러니 어른보다 아이가 더 많지 않겠는가? 다자녀 가정이 두 가정이나 있었으니 말이다. 그렇게 많은 아이들과 함께 식사하러 갈 곳이 마땅치 않아서 집 주변 회사 복지회관에 자장면을 먹으러 갔다. 가서 음식을 시키는데 가장 어린아이가 초등 1학년이고 큰아이가 중1이었다. 메뉴를 주문하는데 우리가 정하여 주지도 않았지만 모든 아이들이 대부분 자장면을 시키고 같이 먹을 탕수육을 시켰다. 물론 부모가 아이를 잘 알기에 그냥 시켜주어도 되겠지만, 자신의 선택을 존중하고 주문을 하게 되면 아이들이 느끼는 맛 자체가 달라진다.

그렇게 맛있게 저녁을 먹고 2차를 가려니 또 장소가 마땅치 않았다. 그러던 중 한 사람이 의견을 제시했다. 요즘 롤러장이 생겼던데 아이들이 좋아할 것 같다고. 그렇게 해서 가게 된 락롤러 스케이트장. 10명의 아이들이 모였으니 각자 얼마나 다르겠는가? 그중 롤러스케이트를 못 타겠다는 친구도 있었다. 물론 강요하지 않았다. 하지만 모두가 타는 모습을 보니 겁이 나지만 도전해보고자 하는 마음이 들었나 보다. 자신도 타보겠다고 나섰다.

아마 등을 떠밀었으면 더 하지 못했지 않았나 하는 생각이 든다. 그렇게 롤러스케이트를 타고 스테이지에 입장을 하고는 벽에 있는 바를 잡고는 열심히 타는 것이다. 한발 한발 천천히 조금씩 탄다. 어른 모두는 아무도 무엇이라 이야기하지 않았다. 그저 자신의 선택을 존중해줄 뿐 그렇게 아이들을 두고는 어른들은 커피를 한잔 마시러 나왔다.

시간은 2시간이 훌쩍 흘렀다. 어른들도 오랜만에 모이니 수다가 끝이 없는 것이 아닌가? 그래도 엄마와 아빠이다 보니 마무리를 짓고 아이들에게로 가보았다. 예상이 되는가? 아까 그 친구. 중간에 넘어져서 한바탕 울었다고 한다. 그래도 언니들이 달래주고 슬러시를 한 잔씩 사서 먹이고 했더니 진정이 되어 다시 스테이지에 올라가 타는 중이라고 설명해주었다.

자신의 선택을 존중해 주었기에 책임을 지고 해내려는 모습이 아닌가 생각한다. 사실 어른도 마찬가지이다. 누군가에 등이 떠밀려 하는 일은 자신이 잘하는 일이라 할지라도 하기가 싫다. 하지만 자신의 선택에 의한 일은 그렇지 않다. 그러니 아이들은 오죽하겠는가? 더더욱 그럴 것이다. 그렇기에 학교가 더욱 힘이 든다. 학교에서 아이들은 사실 존중받지 못한다. 날이 추운데 장갑을 끼는 것 하나까지도 학교에 규정에 맞추어 껴야 하는 현실이 너무 힘이 든다.

개인의 선택은 전혀 없는 것인가? 왜 우리 대한민국 아이들은 한 명 한 명 존중받지 못하는 것인가? 각각의 개성이 다르고 생각이 다른 아이들이 존중받으며 학교생활을 할 수는 없는 것인가? 세상의 모든 일에는 양면성이 있다. 100% 좋은 것도 없고 100% 나쁜 것도 없다. 그런데 아이들은 부정적인 측면이 있다는 이유로 학교에서는 대부분 자신들의 존재를 표현하는 모든 것들이 금지된다. 날이 추우면 그냥 자켓을 입으면 되는 것 아닌가? 왜 입는 시기와 일정을 정해놓고 그때 꼭 입어야 하는가? 머리 길이도 왜 규정을 하여야 하는가? 길면 나쁘고 짧으면 착한 것인가? 그리고 귀를 뚫으면 안 되는 이유는 무엇인가? 귀걸이를 하면 어른 같고 안 하면 아이 같은 것인가?

이런 모든 것들이 아이들이 자유롭게 할 수 있는 것들을 어른들의 생각에 부정적인 측면이 있다고 하지 못하게 하는 것은 정말 잘못된 것 같다. 그렇게 못하게 하니 아이들이 더 집착하고 들키지 않으려고 더 많은 에너지를 쏟는다는 생각은 하지 않는가?

학교도 규제하고 집에 오면 엄마도 규제한다면 이 아이들은 도대체 어디에 가서 자신을 표현하고 존중받아야 하는가. 물론 이런 행동들만이 자신을 표현하는 것이 아님은 잘 안다. 그러나 대부분의 아이들은 사춘기 시절 외모에 관심을 많이 갖는다. 그때 원 없이 많은 것을 경험하면 실제로 사회에 나갈 때는 자신의 가장 아름다운 모습을 찾아갈 것이다. 그 왕성한 호기심들을 단일화된 교복과 머리 모양으로 규제하니 아이들이 보이지 않고 들키지 않는 곳에서 하려 방과 후에 삼삼오오 모여서 더 많이 거리를 헤매는 것이 아닌가? 생각해본다.

어른들의 눈에는 아직 어리지만 그렇더라도 아이들을 한 사람의 인격체로 존중해주어야 한다. 그래야 아이들이 만들어 가는 것이다. 절대 부모도 선생님도 대신해줄 수 없다. 어른이 되어서도 마찬가지이다. 인생은 철저하게 자신의 몫이다. 그러니 어릴 때 많은 경험을 해보도록 아이들을 좀 자유롭게 두었으면 좋겠다.

오늘 학교에 방과 후 학교수업을 들어갔다. 20명의 아이들이 수업을 들어왔지만, 관심이 있는 아이들은 채 10명이 안 되었다. 그럼 어찌 해야 하는 것일까? 자신들은 수업이 듣기 싫고 난 수업을 하러 교실에 들어간 것이다. 자신들이 원하는 과목 지원에 실패하고 튕겨서 들어온 아이들이 태반이었다. 그럼 어떻게 해야 하는 것인가?

그 아이들은 정규과목이 아니기에 아무런 의욕이 없었다. 정말 마음은 그들을 집에 보내주고 싶었다. 참여하지 않는 친구들을 감옥처럼 붙들어 놓는 것이 맞는 것인지 아니면 보내주는 것이 맞는 것인지. 그들은 정말 부모님의 돈이 지불된 수업시간에 감옥살이를 하는 것이다.

어찌해야 좋을지 수업을 갈 때마다 정말 마음이 아프다. 이렇듯 자신의 의견을 존중받지 못하면 무기력해질 수밖에 없다. 사랑받아본 사람이 사랑할 줄 알듯이 존중받아본 사람만이 상대를 존중해 줄 수 있는 것이다. 아이들은 철저하게 독립된 인격체이다. 그들의 생각이 조금 짧을 수도 있다. 그렇다 하더라도 존중해주어야 한다.

그렇다면 어떻게 존중할 것인가? 가 남는다. 그들의 생각이 커지도록 도와야 한다. 그들의 이야기를 들어주어야 한다. 그들의 행동에 책임질 수 있는 기회를 주어야 한다. 조금 부족하여도 기다려주어야 한다. 역시나 부모의 가장 큰 덕목은 오래 참음이다. 이렇게 존중받은 아이들이 이끌어가는 세상을 상상해보라. 학교에서부터 자신의 생각을 키우고 자신의 의사를 정확하게 밝히며 자신의 행동에 책임을 지는 아이들을 길러 내어야 한다. 학교는 그런 곳이다.

가정도 그런 곳이다. 가정이 시작이다. 지금 이 순간도 우리 집은 치킨을 시켜달라며 자신의 의사를 정확하게 밝힌다. 왜 시켜 주어야 하는지 치킨은 어디에서 시킬 것인지. 어떤 메뉴를 시킬 것인지. 직접 전화를 하여서 배달주문도 한다. 결제도 자신들이 한다. 엄마는 그저

불량엄마의 선택적 교육관

동의만 해주면 된다.

'물론 그 정도는 누구나 할 수 있다!'라고 이야기할 수도 있다. 그러나 어른이 된 지금도 어려워하는 사람들은 많다. 자신의 의견이 존중받아본 적이 없는 사람들은 자신의 의사를 표현하는 것을 두려워한다. '의견이 관철되지 않으면 어떻게 하나? 나의 의견이 다른 사람들과 달라지면 어떻게 하나?' 라는 불안감이 자신을 괴롭힐 것이다. 그러나 존중받아본 사람들은 그렇지 않다. 다르다는 것에 두려워하지 않는다. 다를지라도 상관이 없기 때문이다. 더 좋은 방향으로 흘러갈 뿐 비난받지 않기 때문이다.

우리는 이렇게 독립된 존재로 존재 자체만으로도 존중받아 마땅하다. 내 앞에 앉아있는 우리 막내하딸은 늘 활기차다. 지금도 앞에서 재롱을 부리며 어리광을 피우지만, 어느덧 키가 나를 앞지를 만큼 자라있고 생각도 깊어져 간다. 난 이들의 다른 점이 좋다. 달리 생각한다는 것은 정말 이 시대에 꼭 필요한 창의력이지 않은가?

혹여나 각 가정에서 보편적인 아이들과 생각하는 방식과 방향이 다른 아이가 있다면 그 아이를 주의 깊게 지켜보라. 그리고 그 아이의 생각을 존중해주고 의견을 존중해주고 행동을 지켜보라. 분명 탁월한 아이로 자랄 것이다. 어른들은 이런 훈련을 늘 하여야 한다. 어른을 위해서도, 아이들을 위해서도 말이다.

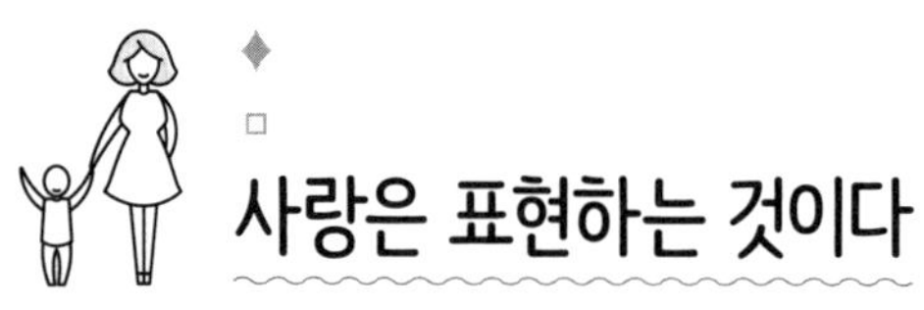

사랑은 표현하는 것이다

　사랑하는 가족이 있다는 것은 세상에 무엇과도 비교할 수 없는 엄청난 축복이 아닐 수 없다. 현 사회는 가족의 형태가 여러 가지다. 한부모가정, 다문화가정, 조부모가정 등등 가정의 모습들이 참 다양하다. 하지만 변하지 않는 것은 누구나가 그 가정과 가족을 지극히 귀하게 여긴다는 것이다.

　그러나 귀하고 사랑하지만 그렇다고 모든 것을 다 포기할 수는 없는 것이다. 사랑하는 마음이 크다고 해서 자신을 버리는 것은 잘못된 선택이다. 무엇이든 시작은 자신에서부터이다. 내가 없이는 가족의 존재는 의미가 없어진다. 내가 없이는 세상 자체가 의미가 없어진다. 그렇다면 가장 먼저 채워야 하는 것은 나 자신이다. 나를 채워가면서 가정도 함께 나아가는 것이다. 김미경 강사의 예전 강의 중 이런 대목이 있었다. "서로 잘 자라게 해줄 수 있는 사람 둘이 만나 같이 가는 것이 결혼이라고." 그렇다. 한쪽의 일방적인 것은 없는 것이다.

　자녀도 마찬가지이다. 그들이 어리고 아직 독립할 힘이 부족하지만 그렇다고 해서 부모의 일방적인 봉사와 헌신만을 강요할 수는 없는 것

불량엄마의 선택적 교육관

이다. 사랑하는 마음이 죄인의 마음은 아니다. 그런데 현 사회 부모들은 자녀들에게 쩔쩔매는 모습을 종종 보게 된다. 어떻게 할 줄 몰라 하는 부모의 모습들이 TV나 매스컴에 자주 나온다. 특히나 〈우리 아이가 달라졌어요!〉라는 프로에서는 엄마가 거의 아이들의 몸종과 같은 경우도 있다. 일명 아이들이 상전인 것이다. 이러한 형태는 가정의 올바른 모습을 아니다.

봉사를 해본 적이 있는가? 그 봉사의 모양은 여러 가지이다. 예전에 노인복지관 어르신들에게 발 마사지 봉사를 다녔던 적이 있었다. 어르신의 대부분은 몸이 조금 불편하셨다. 그러다 보니 많은 봉사자분들이 필요하였고 또한 여러 곳에서 봉사의 손길이 이어졌다. 하지만 불평하지 않는다. 다녀오면 뿌듯하고 보람을 느끼는 것이다. 나의 노력의 손길에 그분들이 시원해 하신다. "어쩜 이리 젊은 사람들이 이렇게 착하네! 복 받을 거다."라고 말씀해 주시는 그 말 한마디가 우리의 마음을 따뜻하게 해주시는 것이다. 하지만 이러한 소통이 되지 않는 일방적인 봉사는 우리의 마음을 딱딱하게 굳게 만드는 것이다.

물론 무언가 대가를 바라고 행동을 하는 것은 아니다. 하지만 사람인지라 따뜻한 말 한마디에 마음이 움직이는 것은 어쩔 수 없는 일. 그리고 반복되는 선의의 행동에 당연하다는 듯이 반응하는 형태도 사람의 마음을 힘들게 한다.

사랑은 아낌없이 주는 것이라 하였는가? 그런데 주다 보니 내 것이 고갈되어 바닥이 드러난다. 나도 사랑받고 싶은 것이다. 나도 받은 것이 있어야 나누어 줄 수 있는 것이 아닌가? 자녀는 아니라고 생각하는가? 아니다. 내 자녀도 마찬가지이다. 다른 이들보다는 더 잘 채워져 나누어줌이 수월하다. 그래도 매일 밑 빠진 독에 물을 채워보아라. 남아나질 않는 것이다. 마음도 그러하다.

마음은 보이지 않기에 괜찮을 것이라고 생각하는 사람이 많다. 자녀에게 주는 마음이 어찌 그러할까 생각하는 사람도 많다. 하지만 그렇지 아니한 것은 믿어 의심치 않는다. 사람인지라 쌍방향 소통이 필요하다. 나 또한 그러하다. 상대의 표현이 조금은 거칠더라도 그 속에 사랑이 있음을 느낀다면 그것은 괜찮은 것이다.

지금 생각해보면 우리 아빠가 그렇게 술을 드시고 늦게 주무시고 하여도 항상 새벽에 일어나서 목수 일을 나가셨다. 그 속에는 가족을 사랑하는 마음이 있었기에 힘들고 피곤한 몸을 이끌고도 추운 겨울이든 더운 여름이든 그 일터로 나가셨던 것이다. 난 그때는 알지 못했다. 이야기하지도 않으셨고 늘 술만 마시고 있으셨던 모습이 더 많았기에 그 사랑을 전혀 알지 못했다. 그러니 얼마나 안타까운가? 아마 그래도 내가 그 안에 있는 아빠의 사랑을 알았다면 그렇게 힘든 청소년기를 보내지는 않았을 텐데⋯. 그러나 새엄마는 나를 사랑하고 아낀다는 것을 알고 있었다. 내가 고기를 좋아한다고 타지에서 일하다 집에 오면 꼭 고기를 사다 구워주시고 마늘장아찌를 좋아한다고 항상 해두셨는데 내가 오면 그 마늘을 까서 고기 옆에 놓아두셨다. 그 마음을 난 잊지 않고 한 번씩 꺼내어본다.

불량엄마의 선택적 교육관

그렇다. 우리는 준다고 해서 다 알지 못하는 것이다. 마음이라는 것이 보이지 않기에 상대가 받았는지 안 받았는지는 알 수 없는 것. 아이들도 나와 마찬가지일 것이다. 그래서 설명하는 것과 표현하는 것이 중요하다. 말없이 그냥 다 알겠지 라고 하는 생각은 매우 위험한 일이다. 생각보다 센스가 넘치는 사람은 드물다는 것을 명심하라.

사람은 연약한지라 내 자신은 센스도 없고 상대를 배려함도 없으면서 항상 상대는 나를 배려해 주기를 바라는 마음이 있다. 그러나 그러한 일은 없다. 사람은 서로 소통하여야 하는 사회적 동물이니 말이다. 아이들에게 얼마나 많이 이야기하는가? 사랑한다고 그리고 엄마의 마음이 어떠한 마음이라고 이야기해주어야 한다. 그리고 아이들의 이야기도 들어야 한다. 생각보다 쿨 하게 괜찮다는 아이도 있고 그건 아니라고 이야기하는 아이도 있기 때문이다.

우리 하하하남매는 대부분 쿨한 성격이긴 하지만 또 약간의 차이점이 있다. 하군은 남자라 좀 더 쿨하긴 하지만 자신의 물건에 손을 대는 것을 좋아하지는 않는다. 어제저녁에도 자신의 책상에 있는 과자를 누가 먹었는지를 찾고 있었다. 오빠가 없을 때 동생이 먹은 것이다. 동생이 이실직고하며 먹었다고 하였지만, 오빠는 화가 났다. 말을 하지 않고 먹는 것이 싫다는 것이다. 그리고 "자신이 제일 좋아하는 라면을 사다 두었는데도 하나 먹었는데 다 먹고 없다고 왜 이야기를 하지 않고 먹느냐?"고 말이다.

난 그러한 모습이 마음에 들지 않았다. "과자는 물어보지도 않고 먹은 것은 조금 잘못된 것이다."라는 생각이 들었지만, 라면은 먹을 수 있는 것 아닌가 하는 생각이 들었기 때문이다. "우리가 집에 라면을 사두어도 너도 먹지 않느냐! 그래도 아빠와 엄마는 별말 하지 않는데 너무 심한 거 아닌가?"라는 표현을 하였다. 그러나 아들은 이렇게 이야기한다. "아빠의 4천 원과 나의 4천 원은 다르지 않은가?"

이 말에 나도 설득당했다. 맞다. 용돈을 받아 쓰는 하군에게 4천 원은 거의 10% 가까운 돈이니 작은 것이 아니다. 하지만 아빠에게 4천 원은 푼돈과 같은 것이다. 그렇게 엄마는 설득당해서 "이제는 이야기하고 먹자."라는 결론을 냈다.

별것 아니지만 이렇게 상세한 설명이 없다면 아마 그 아이의 마음을 이해하기는 어려웠을 것이다. 오해했을 수도 있다. "오빠가 되어 가지고 너무 하는 것 아니냐?"라고. 그렇다고 아들이 동생들을 사랑하지 않는 것은 아니다. 요즘 '츤데레'라는 말을 잘 쓴다. 이 아이는 츤데레과이다. 은근히 생각해 주고 챙겨준다. 동생들의 부탁도 잘 들어준다. 하지만 다 베풀지는 못하는 것이다. 무한 봉사정신을 발휘할 수만은 없는 것이다. 이렇게 사랑하는 마음을 표현하고 또한 자신의 생각을 표현하는 것은 가족관계에서는 너무나도 중요한 요소 중의 하나이다.

현 대한민국은 표현함에 힘들어한다. '그런 것까지 어떻게 일일이 다 이야기하냐!'고 생각한다. 그러나 이야기하고 표현하여야 한다. 그래야 오해를 범하는 일이 적어지는 것이다. 사랑한다고 모든 것을 다 수용할 수는 없는 일이다. 그것은 사랑을 빙자한 폭력인 것이다.

불량엄마의 선택적 교육관

사랑의 대상이 원하는 것과 원하지 않는 것을 알아야 한다. 아무리 몸에 좋다고 버섯을 볶고 무치고 해서 못 먹는 하군에게 준다면 그것은 사랑이 아니다. 하군이 세상에 가장 못 먹는 것이 버섯인데 몸에 좋으니 매일 먹으라고 주어야 하는가? 버섯을 준다면 내가 사랑한다고 느낄까? 아마 미워한다고 느낄 수도 있을 것이다. 이렇듯 작지만 중요한 것에 우리는 집중해야 한다.

가정에서 특별히 아이도 그러하지만, 남편에게도 많은 표현이 필요하다. 대부분 결혼한 기간이 10년이 넘어가면 사랑해라는 표현을 하지 않는다. 따뜻한 포옹을 찾아보기도 어렵다. 그러나 남녀의 관계는 스킨십의 거리만큼 가깝다고 해도 과언이 아닐 것이다. 길에서도 흔히 볼 수 있는 연애 중인 커플을 보면 어떤가? 여름에 덥지도 않나? 라는 생각이 들 만큼 그들의 거리는 가깝다. 눈에서 하트가 연발 나온다.

그러나 중년의 부부는 어떤가? 어떤 부부는 나란히 걸어가지도 않는 부부도 있다. 손을 잡고 걷는다는 것은 상상도 못할 일이다. 부부 둘 다 표현 못 하기 때문이라고, 굳이 그렇게까지 하고 싶지 않기 때문이라고도 한다. 하지만 굳이 그렇게까지 하여야 하는 것이 부부 사이인데 말이다.

부부 사이의 표현이 냉랭하면 자녀에게도 그 영향은 미치는 것이다. 아이들도 냉랭해지는 것이다. 그런 모습을 본 적이 없기에 어색해지는 것. 처음은 어색하다. 내가 해보았기에 안다. 난 정말 표현이 없는 엄마이고 아내였었다. 하지만 오랜 세월이 지난 결혼 10년 차 정도에 깨닫게 되었다. '내가 잘못되었구나!'라는 것을 말이다. 그때부터 표현하기 시작했다. 남편에게 내가 먼저 다가가서 안기고 하였다.

처음에는 정말 어색하여 어찌할 바를 몰랐고 남편도 당황해했다. 그러니 지속하는 것 외에는 방법이 없었다. 지금은 너무나도 자연스럽게 "사랑해"라는 말도 하고 표현도 한다. 그러나 부부 사이의 관계가 좋아지는 것은 당연하고 아이들에게 표현함도 달라진다. 아이들도 조금씩 더 표현하게 되는 것이다. 사랑은 정말 표현하면 몇 배로 늘어나는 것 같다.

불량엄마의 선택적 교육관

한없는 사랑과 절제된 삶의 표현

오늘 나는 존재로 사랑받아 마땅하다. 끝없이 사랑하고 표현함이 마땅하다. 아침에 눈을 떴을 때 사랑해라는 말을 듣는다면 생각만 해도 행복하지 않은가? 그럼 눈을 감을 때도 사랑해 오늘도 수고했어! 라는 말을 듣는다면 어떠하겠는가? 행복하지 않을 수 없을 것이다. 너무도 잘 알지만 이 작은 일을 반복해서 지속적으로 하는 것은 너무나도 힘든 일이다. 그렇게 마음에는 무한한 사랑이 있다. 말에도 그 사랑의 말을 항상 머금고 대하여야 한다. 아이와 눈을 마주치고 이야기할 때도 길을 함께 걸어갈 때도 사랑함을 표현하여야 한다. 그럴 때 우리는 서로를 더욱더 사랑할 수 있다. 하지만 여기서 잠깐. 마음의 표현은 한없이 하되 삶에서의 표현은 절제되어야 한다.

시간이 좀 흐른 예전의 이야기이지만 모 브랜드의 패딩이 교복이 되었던 시절이 있었다. 그 패딩으로 인해 아이들이 입는 겨울 아우터의 평균 단가가 너무 올라간 것은 사실이다. 일반 가정의 아이들은 그런 몇십만 원짜리 패딩을 입을 수는 없다. 물론 우리 집 아이들도 마찬가지이다. 그때 아이들이 그 패딩이 아니면 아예 아이들이 패딩을 입지 않고 교복만 입고 학교를 가는 아이들이 많았다. 물론 부모의 마음은 찢어진다. 얼마나 추울까? 추운데 교복만 입고 가는 아이를 바라보다 안 되겠다 싶어 버거운 가격에 패딩을 사주는 경우가 많았다. 어떤 것이 옳다 그르다는 이야기를 하고자 함이 아니다. 사랑하는 마음의 표현은 한이 없지만, 그 표현 방법에는 한계가 있어야 함을 이야기하는 것이다.

가족은 함께 나아가는 공동체이다. 누구 한사람만을 위해 달려갈 수는 없는 것이다. 그 당시 유행했던 그 패딩은 유행이 지나자 모두 아빠들의 교복으로 전락하였다. 모든 아빠들이 아이들이 입지 않는 그 패딩이 아까워서 입고 다니는 모습을 많이 볼 수 있었다. 우리 집에도 그 패딩이 있다. 물론 우리 아이들의 것은 아니다. 조카가 유행이 지나 입지 않는다 하여서 얻어 입은 것이다.

올해는 롱 패딩이 유행한다. 모든 아이들이 롱 패딩을 입고 다닌다. 평창올림픽기념 패딩이 출시되었는데 매진이 되었다고 한다. 난 그 사실도 몰랐지만 알았다 하더라도 우리 집에서 아이 한 명당 사줄 수 있는 패딩의 가격은 정해져 있다. 또한 같은 아이템의 옷을 중복으로 사줄 수는 없는 것이다. 물론 3명의 아이들이 함께 입어야 하니 한 명의 아이를 키우는 집과는 비교가 될 것이다. 그래서 우리 집은 다른 집에서 버리는 옷들이 모이는 창고이다. 남녀성별도 다르고 각자의 개성들이 있기에 모아서 입을 옷은 입고 또 버릴 옷은 헌옷 수거함으로 간다. 그러나 앞에서 이야기했듯 우리 하하하남매는 쿨하다. 얻어 온 옷을 잘 입는다.

올겨울, 롱 패딩을 사달라는 의견은 수렴되었다. 실제로 춥기도 하고 교복을 입고 다니는 딸의 다리가 너무 안쓰러워 구입하기로 하였다. 하지만 살 수 있는 단가는 정해져 있고 그걸 아는 딸들은 인터넷을 엄청 찾아보고 드디어 우리 집에 적합한 롱 패딩을 찾게 되었다. 세상에 1+1인 상품이 있는 것이다. 얼마나 좋은가? 두 딸이 다 필요하다. 가격도 착하고 상품도 괜찮은 것이다. 그렇게 롱 패딩을 주문하고 지금은 기다리는 중.

유행에 어울리지 않는 코트는 추워도 입지 않는다. 그것은 그들의 선택이다. 날씨는 추워서 옷을 무엇이라도 입어야 하지만 마음에 들지 않아서 입지 않는다고 한다. 지켜보는 엄마 아빠는 마음이 아프다. 얼마나 추울까? 마음은 정말 비싸더라도, 빚을 내서라도 사주고 싶은 것이 부모의 마음이다. 하지만 이 마음을 절제하지 못하고 그대로 구입해 준다면 우리 아이들의 삶의 절제는 사라질 것이다. 그렇기에 오늘도 삶에서는 절제하려 버텨내는 중이다. 그 롱 패딩이 도착할 때까지 버틸 것이다. 그저 날씨가 덜 춥기를 바라면서 말이다. 참 힘이 든다. 정말 바라보기란 너무 힘든 일이다.

늘 좋을 수는 없다. 한없이 예쁜 꽃도 한 철 지나 시들어 버리면 눈이 가지 않는다. 그런데 예외가 있다. 자녀는 늘 눈에 들어오는 그런 존재이다.

한창 피어 예쁠 때도 있고 그 꽃을 피우기 위해 겨울 내내 그 추운

날씨를 버텨내야 하는 고난의 시간도 있다. 차라리 내가 당하는 것은 어찌 보면 쉽다고 이야기할 것이다. 모든 부모들이 가장 힘든 순간은 아이들이 고난을 겪는 그 순간이다. 그 과정을 지켜보는 부모는 아이들보다 훨씬 힘든 과정을 보낸다. 자신의 삶도 헤쳐나가야 하고 그런 아이를 지켜보는 그 힘든 과정도 지나가야 하니 말이다.

우리 하딸은 운동을 좋아한다. 어릴 때 잠시 축구선수로 활동하면서 숙소생활을 하게 되었다. 그 생활이 꽤나 힘들었나 보다. 하지만 본인이 원하는 운동을 하기 위해서는 그 과정을 견뎌야 하다 보니 운동을 그만두고 집으로 왔을 때는 아이에게 운동 틱이 생겨있었다. 목을 갸웃거리며 입을 씰룩거리는 운동 틱을 가지고 왔을 때 내 마음은 무너지는 것 같았다.

너무나도 예쁜 아이의 입이 자꾸 씰룩 씰룩거리고 몸을 가만히 두지 못하는 그 과정을 지켜보노라면 순간순간 눈물이 났다. 그러다 병원을 찾아갔다. 여러 가지 검사를 몇 시간이나 하였다. 검사하다 지칠 만큼 하고도 지문 검사를 했다. 엄마가 해야 할 검사지도 많았다. 그렇게 검사 후 며칠이 지나 결과를 보러 갔는데 아이의 심리나 IQ는 다 괜찮다고 하였다. 얼마나 감사하던지. 하지만 남아있는 틱은 정서적인 부분인데 이것이 '심하다!'와 '심하지 않다!'를 구분하는 것은 부모의 성향에 따라 다르다고 하셨다. 아이가 하는 빈도가 높아도 부모가 '괜찮아.'라고 하면 괜찮은 것이고 그 빈도가 낮아도 '왜 이렇게 많이 해!'라고 생각하면 심하다는 것이란다. 의사 선생님께서 보실 때에는 이 정도는 아직 약을 먹을 정도는 아니니 지켜보자는 소견을 전해

불량엄마의 선택적 교육관

주었다. 그렇게 돌아오는 길은 갈 때보다는 발걸음이 가벼웠다. 하지만 생활을 하면서 아이를 지켜보는 것은 쉬운 일은 아니었다.

병원을 갔다 와서 가만히 하딸을 바라보니 "얼마나 숙소생활이 힘들었을까."라는 마음에 눈물이 났다. '혼자 자는 것을 그렇게도 싫어하는데 태어나서 평생 동생과 함께 잠을 자던 아이가 혼자 침대에서 자려니 얼마나 무섭고 그것을 참아내려 얼마나 노력했을까?'라는 마음이 들자 너무도 미안하였다.

그리고 표현이 서툴러 강하게 표현해서 강해 보일 뿐 마음은 우리 가족 중 제일 여린 아이인데 이 아이의 이러한 특성을 숙소에서 누가 받아주었겠는가? 학교생활만으로도 힘이 들었을 텐데 숙소로 돌아오면 또 다시 단체생활을 해야 했던 것이다.

힘들었을 것이다. 많이 힘들었을 것이다. 개인의 감정을 표현할 곳이 없었을 것이다. 엄마와 떨어져 있는 4학년의 마음을 생각해보라. 그러니 그 아이가 그 과정을 이겨내고자 애쓴 그 감정들이 틱으로 나타난 것이다.

우리는 하딸이 돌아온 그 5학년, 1년은 모두가 조금씩은 힘이 들었다. 2년간의 공백이 있던 아이가 들어오는 것은 생활에서 많은 변화를 주었다. 막내하딸은 갑자기 언니랑 방을 함께 써야 했고 아침에 화장실을 쓸 때는 더욱 분주해졌다. 이야기 소리가 더 많아졌고 나는 평일에는 2명에게만 신경을 쓰면 되던 것을 3명을 신경을 써야 했다. 내가 하딸을 사랑하지 않아서가 아니었다. 마음은 한없이 사랑하지만 삶에서 그것을 효과적으로 적용하는 데는 시간이 필요한 것이다. 그러니 엄마인 나도 힘이 들었다.

친한 언니 중 상담을 공부한 언니에게 전화하였다. "언니 나 힘들어! 아이를 바라보면 마음이 아픈데 사실 나도 힘이 들어!"라고 이야기를 하니. "정희야 시간이 필요해. 아이들도 너도 아빠도 공백이 있던 아이가 들어오는 것은 적응하는 시간이 그 아이에게만 필요한 것이 아니라 나머지 가족에게도 필요한 거야."라고 이야기해주었다. 그렇다. "난 어떻게 부모가 자녀에 대해 불편할 수 있어!" 라고 생각했지만 그것이 아니었다. 사랑하는 마음이 아무리 크더라고 우리가 함께 생활하지 않은 시간이 있기에 당연한 것인데 애써 외면하려 했던 것이다. 그렇게 인정하고 시작하였다.

그리고 서로 이야기하였다. 우리 모두 그러한 과정이 필요하다고. 그렇게 1년의 시간이 지나자 우리 집은 안정이 되었다. 생각보다 감사하게 우리는 별 갈등 없이 잘 지내게 되었다. 여기에는 담임선생님의 힘도 컸다. 학교상담이 있어 방문했더니 담임선생님께서 먼저 우리 하딸의 상황을 잘 알고 계셨다. 선생님 집의 아이도 틱을 하고 있다는 것이다. 엄마가 학교에서 근무를 하니 얼마나 바쁘겠는가? 초등학교 교사는 아이들을 가르치는 일이 다가 아니다. 그 외 공문 등 처리해야 할 일이 태산이니 얼마나 힘이 들겠는가?

그래서 늘 고민을 한다고 했다. '학교를 그만두면 아이가 괜찮아질까?'라는 고민을. 그렇게 선생님과 함께 이런저런 대화를 나누며 서로를 위로하였다. 그리고 우리 하딸을 이해하며 괜찮다고 위로해주셨다. 그렇게 우리는 서로 맞추어 갔다. 그렇게 성장하고 보낸 세월이 3

년, 우리 하딸은 많이 좋아졌고 많이 안정되었다.

나는 그때나 지금이나 아이를 사랑함에는 변함이 없다. 하지만 삶을 살아감에는 차이가 있다. 아이가 힘들 때는 더 많은 위로가 또 너무 과할 때는 안정감 있는 표현이 필요하다. 그렇게 부모는 다양한 표현 기법들을 사용할 줄 알아야 한다. 부모는 만능 엔터테인먼트가 되어야 할까?

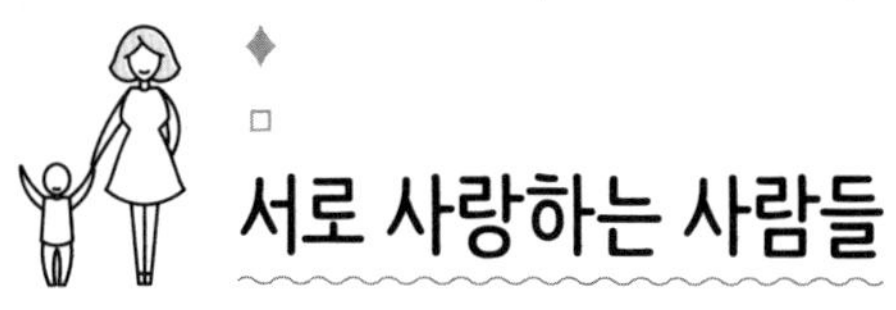

서로 사랑하는 사람들

한 명이 바이올린을 켠다. 피아노 학원에서 일주일에 한 번씩 배운 지 이제 몇 달이 채 되지 않은 바이올린을 가지고 와서 연주한다. 그럼 아빠는 통기타를 가지고 와서 옆에서 또 리듬을 맞추어 준다. 엄마는 그 멜로디에 노래를 부르기 시작한다. 그렇게 한 명씩 보태어지다가 어느덧 5명이 함께 모이게 된다. 여러 곡을 연주하고 노래하고 우리끼리 음악회가 끝나면 또 한 명이 춤을 춘다. 그럼 또 한 명이 합류하여 커플댄스를 춘다. 아빠가 코믹댄스로 합류를 한다. 엄마는 관객이다. 아들은 무심한 듯 "왜 그래?"라면서도 엄마 옆자리를 차고 앉아있다. 자신도 어릴 때는 함께 동참해서 재롱을 피웠음에도 불구하고 아닌 척 앉아있는 모습이 귀엽다. 그렇게 소란스럽다가도 공연이 끝나면 언제 그랬냐는 듯 자신의 방으로 간다.

이런 우리 하하하남매들이 난 너무 좋다. 우린 행복하다. 이렇게 사랑하며 살아간다. 어제는 통닭이 먹고 싶은 막내가 선동을 하였다. "엄마 통닭 사주세요!"라며 애교를 부린다. 거기에 하군이 보탠다.

불량엄마의 선택적 교육관

"배가 고프다. 크려고 그러나? 요즘 왜 이리 먹고 싶지?"라면서 말이다. 그 모습을 본 나는 빨래를 건조대에 널면 생각해보겠다고 했다. 그랬더니 하군이 막내에게 전한다.

"엄마가 빨래를 널면 사 주신다는데 그럼 네가 널어라."

"싫어, 오빠가 널어."

서로 미루더니 어느 적정선에서 협상했나 보다. 막내하딸은 빨래를 널고 있고 오빠는 적당한 가격의 숯불치킨을 고르고 있다. 이때 하딸 합류하여 "나도 먹을래." 이렇게 한바탕 서로 협상도 하고 애교도 부리고 보태기도 하여서 배달된 숯불치킨. 평소 후라이드를 좋아하는 아이들이 숯불치킨을 주문하면서 숯불치킨의 대가인 지코바는 비싸다며 근거리에 있는 동네숯불치킨을 시켰다. 가격도 아주 착했다. 그동안 건조대에 빨래는 채워져 가고 있었다. 30여 분이 지나자 도착한 치킨. 모두가 둘러앉아 먹기 시작하였다. 요즘 청소년들은 1인 1닭을 한다고 하나 하하하남매집은 아직까지 통닭 1마리면 충분하다.

삼겹살은 2근이나 드시는 하하하남매들이 통닭을 좋아하는 하지만 양은 그만큼 많이 먹어내지는 못한다. 그렇게 맛있게 치킨을 먹으며 또 수다 삼매경.

"역시 이 집이 맛있다."

"가격도 착하고 안에 떡도 맛있고."

"반 마리도 있던데 배달은 안 해준다. 매장에 가면 포장은 가능할까? 다음에 물어봐야지."

"그럼 한 마리 반은 배달을 해주려나? 항상 가게에 사람이 많던데."

"역시 가격도 착하고 맛도 있어서 그런가 보다!"

치킨 가게 하나를 분석해가면서 우리는 즐거운 시간을 보냈다. 막내하딸은 "숯불은 밥이랑 먹어야지." 라면서 밥을 반 공기 떠오는 것이 아닌가? 정말 다양하다. 그리고 정말 행복한 순간이다. 이렇게 하하하남매 가정의 밤은 저물어갔다. 이런 소소한 일상이 행복의 시작이다. 통닭 한 마리를 시켜 나누어 먹지만 그 가운데 대화가 재미있다. 이것이 우리 가정의 색깔이다. 어떨 때는 일명 팩트 폭력을 할 때도 있다. 그러면 속이 상할 때도 있지만 그런 생각을 하기도 한다. '가정에서 이러한 것들이 다듬어지지 않으면 어디서 다듬겠는가? 표현할 수 있는 것은 감사한 일.' 그렇게 수정해나간다.

하루는 저녁을 먹으면서 학교의 이야기가 나왔다. 요즘 아이들은 욕을 정말 많이 사용한다고. 학교수업을 들어가 보면 욕을 막 쓰는 아이들이 있는데 그럼 조금 무서운 생각이 든다고. 이야기했더니 하군이 말한다.

"요즘 욕 안 쓰는 아이들이 어디 있어요. 모두가 다 쓰는데. 우리도 쓰는데."

"그래도 어른들 앞에서는 안 쓰지 않아?"

"그 학교 아이들도 대놓고 쓰지는 않을 텐데."

"자기들끼리 이야기 하는 걸 엄마가 들으신 거 아니에요?"

그렇다. 나에게 대놓고 쓰지는 않지만, 종종 들리는 욕이 귀에 거슬리는 것이다. 그러면서 선배, 후배 이야기도 나오고 오빠, 동생 이야기도 나왔다. 그러면서 폭력에 대한 이야기가 나왔다.

막내하딸이 담임선생님께서 중학교 생활의 팁을 주셨다면서 이야기를 늘어놓는다. 남자아이들은 그저 선배랑 눈 안 마주치고 눈을 아래로 깔고 다니면 되고 여자아이들은 예쁜척하지 말고 나대지 않으면 된다고 그리고 예쁜척하려면 정말 여신만큼 예쁘면 되는데 그렇지 않으면 절대로 예쁜척하면 안 된다고 이야기해주셨단다. 그러니 옆에 있던 하군 "그래 나대면 안 된다. 선후배랑 만약에 부딪히면 무조건 '죄송합니다!' 해야지. 안 하면 바로 맞는다!"고 말이다. 하딸이 자기 친구들 중에는 언니, 오빠에게 맞는 애들도 많다고 한다. 그 말에 깜짝 놀란 내가 "정말 자기 언니, 오빠도 때려?"라는 질문에 "다 때리지."라고 대답을 한다. "우리는 하군이 안 때리잖아." 라고 얘기했더니 "우리 오빠는 좀 착해."라고 이야기한다.

당황했다. 어떻게 이 모든 것이 당연히 여겨지는지 엄마는 놀라지만 자신들은 당연한 일상이라 생각한단다. 여동생이 오빠 방에는 아예 들어가지도 못한다고 했다. 우리 집은 늘 들락날락한다. 서로 대화도 나누지 않는다고 한다. 우리는 자주 수다를 떤다. 아이들이 아무래도 다 청소년이다 보니 이러한 학교와 형제간의 이야기를 많이 나누게 된다. 그러면서 엄마가 서로의 관계를 정리도 해주고 현재 아이들의 이야기를 듣기도 한다. 이렇게 우리는 서로 사랑함을 표현하며 살아간다. 이런 작은 소소한 시간들이 재미있다.

그리고 무엇을 하든 재미가 있어야 한다고 생각한다. 그러니 엄마가 조금은 어른스럽지 않을 때도 있지만 뭐 어떠하랴 내가 괜찮은데 말이다. 먼저 관계가 잘 형성되어야 함이 옳다. 관계가 어색하다면 시시

콜콜한 이야기를 꺼내기 힘든 상황이 연출된다면 우리는 어떨까?

아이들과 이야기를 나눌 때는 진지함은 조금 내려놓는 것이 옳다. 특히 아빠들은 청소년기 아이들과 앉으면 항상 진로에 대한 이야기를 하려고 한다. 그것이 아빠의 역할이고 해주어야 할 일이라고 생각한다. 관계의 벽은 더 쌓일 수밖에 없다. 어릴 때부터 계속 쌓아온 신뢰가 있는 관계는 또 다를 것이다. 아이들과 자주 대화를 갖지 않는 아빠라면 그러한 진지한 대화는 조금 내려놓아야 한다. 차라리 '우리 라면이나 끓여 먹을까?'라고 이야기하여야 한다. 요즘 아이들이 가장 좋아하는 메뉴는 라면이다. 아니면 '우리 편의점 갈까?'도 좋다.

난 교회에서 중고등부 아이들을 담당하고 있는데 그 아이들과 자주 편의점을 간다. 교회식당에서 밥을 먹어도 된다. 몸에도 좋고 무엇보다 공짜이니 얼마나 좋은가? 그러나 청소년기 아이들은 싫어한다. 그래서 난 자주 편의점 회식을 한다. 그때도 먼저 이야기 한다. "쌤 라면 먹고 싶다. 같이 가자."라고 말이다. 그럼 가서 "1인 3개까지 가능"하다고 이야기한다. 메인, 디저트, 음료 요렇게 3가지까지 구입이 가능하다. 그럼 아이들은 환호성과 함께 "사랑해요!"를 남발한다. 그러면 어느새 마음의 문은 바로 확 열린다. 그렇게 먹을 것을 모아놓고 여러 가지 편의점 요리를 만들어가면서 어느새 우린 친구가 된다. 힘든 이야기, 즐거운 이야기, 학교 이야기, 집안 이야기, 엄마와의 갈등, 친구들 간의 갈등, 건의사항, 자신들 좀 챙겨달라는 이야기, 그리고 우리 하하하남매 이야기까지 말이다.

회사 회식에서 볼법한 허심탄회하게 이야기하는 문화를 편의점에서도 느낄 수 있다. 그래서 난 아이들에게 '편의점 회식하러 가자!'라고 이야기한다. 그리고 이왕 사주는 것이지만 회식이라 하면 왠지 먹을 것이 풍성할 것 같은 느낌이 들지 않는가? 그렇게 아이들과 대화를 하며 감정의 교류를 쌓아간다.

물론 우리 하하하남매와도 가끔 그런 회식을 즐긴다. 금액은 식당을 가도 비슷하다. 그렇지만 내가 편의점을 가는 이유는 자신들이 골고루 선택해서 먹는 재미를 주기 위해서다. 식당은 재미가 없다. 주문하고 음식이 나올 때까지 기다려야 한다. 그럼 그사이에 물론 관계가 좋은 친구들은 수다를 떨겠지만 그렇지 않은 친구들은 뻘쭘해하고 스마트폰으로 눈을 돌리며 어느새 대화는 단절된다.

내가 편의점의 가는 이유는 역시나 재미가 있기 때문이다. 아이들은 항상 심심해한다. '왜 그럴까?' 난 어릴 때 놀 거리가 많았는데 요즘 아이들은 잠시의 심심함을 기다리지 못한다. 즉각 반응하는 스마트폰의 영향이라고도 볼 수 있지만 이런 깨알재미가 사라져서인지도 모른다. '친구들과 놀 때를 제외하고는 모든 것이 수동적인 시스템이 아이들을 지루하게 만들지 않나?'를 생각해본다. 이런 재미적인 요소가 하하하남매 가정에는 조금씩 다 있는듯하다. 그렇기에 서로 장난도 치고 웃어도 주고 가끔은 다툴 때도 있지만 서로 사랑함에 대한 확신은 있는 것이다.

아빠가 늦게까지 밥을 못 먹고 오시면 하군은 마음이 쓰여 엄마를 재촉한다. 빨리 아빠 식사를 드려야 한다고 말이다. 딸들은 또 옆에서 재잘거린다. "아빠 왜 여태 못 먹었어. 뭐라도 먹지. 배가 고프겠다." 등등 이런 모습이 얼마나 사랑스러운가? 행복은 정말 멀리 있는 것이 아니다. 가까이에서 아주 많이 존재하는데 우리가 찾지 못하는 것은 아닌지 생각해보자. 또한 서로 사랑함을 느낄 수 있는 요소는 삶을 살아가는 사이사이 너무도 많다. 그러게 우리 하하하남매 가족은 오늘도 사랑을 채워가고 쌓아간다. 우리는 서로를 사랑한다.

제5장

행복한 가정을 위하여

> 행복은 늘 우리 곁에 아주 사소하게 존재한다.
> 그것을 찾는 과정에는 깨알 재미가 있다. 하지만 찾지 못하고 느끼지
> 못할 수도 있다.
> 그렇기에 우리는 늘 깨어있어야 한다. 그렇게 함께하여야 한다.
> 사랑을 표현하고 행복을 찾을 수 있는 능력을 키워야 한다.
> 그것은 습관처럼 행하여지고 나의 삶과 가족의 사랑을 풍성히 누리게
> 해준다.

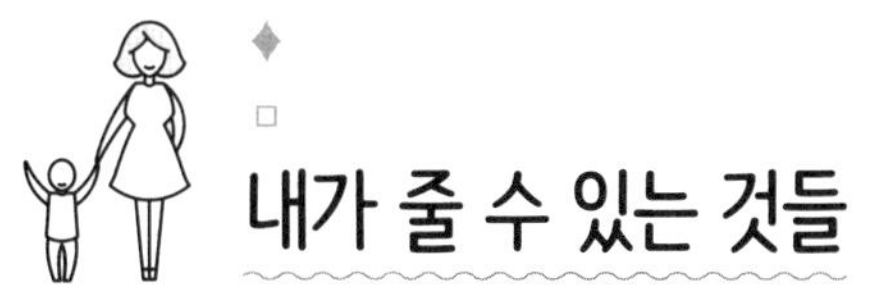

내가 줄 수 있는 것들

당신은 주기를 즐겨 하는가? 받기를 즐겨 하는가? 사람은 누구나 생각과 관점이 다르다. 아니, 다른 것이 너무도 당연하다. 사람마다 특성이 다르기에 다름은 당연하다. 그럼 '다름을 좋아하는가? 같음을 좋아하는가?' 대한민국의 '우리'라는 문화는 '다름'을 조금 배척하는 경향이 있다. 그렇기에 가끔은 힘이 들 때도 있다.

나는 조금 일반적이지 않은 듯하다. 이러한 성향을 인정하고 인식할 때까지는 시간이 필요했다. 인식은 했으나 인정하는 시간이 걸렸다는 것이 더 정확한 표현일 것이다. 그렇게 '일반적이지 않기에 조금은 더 행복하지 않나!'라는 생각도 해본다. 재미가 있으니 말이다. 이건 나의 개인적인 생각이다.

한번 생각해 보라. 내가 가진 과일이 귤인데 또 누군가가 과일을 준다면 귤을 주는 것이 좋은가? 아니면 사과나 배 등 다른 과일을 주는 것이 좋은가? 난 다른 것을 주는 것이 좋다. 있는 걸 또 받는 것은 큰 의미가 없는 듯하다.

사람은 가지고 있는 재능이나 마인드가 다 다르다. 그렇기에 세상
은 재미가 있다. 우리 하하하남매들은 공부에는 재능이 없는 듯하고
예체능 쪽으로 훨씬 더 능한듯하다. 나는 공부도 재능이라는 생각을
가지고 있다. 그렇기에 강요는 하지 않는다. 하지만 독서만큼은 삶을
살아가는 데에 필요한 배경지식을 주며 꼭 필요한 습관이라는 생각에
강요한다.

이러한 우리 하하하남매가 영어공부를 시작하게 되었다. 이유는 하
나, 회화가 필요하다는 생각 때문이다. 물론 혼자 결정하지는 않는다.
아이들과 의논을 한다. 이제 동시통역기가 나온다고 하지만 아직 그
기계가 상용화하기까지는 시간이 걸릴 듯하고 논문이나 좋은 책들 중
에 번역이 안 된 책들도 많으며 해외에 갔을 때 아직은 영어가 필요하
다는 생각에 아이들에게 제안했다.

'우리 영어공부를 시작해보면 어떨까?'라고 묻자 아이들이 질문한
다. '그럼 어떻게 공부할 거야?' 등등 왠지 질문이 서로 뒤바뀐 것 같
지만, 제안한 것이 엄마이기에 아이들의 질문에 착실히 대답해준다.

우리 교회에 영어를 잘하는 청년이 있는데 워킹홀리데이를 준비하
고 있어서 한창 영어공부를 하고 있다고 들었다. 나는 그 청년에게 '그
럼 아이들을 가르쳐보는 것은 어떠냐? 그러면 자신도 공부가 될 것
이고 아이들도 배움이 되지 않겠는가?'라고 제안을 하였고 그 청년은
흔쾌히 수락해줬다.

이러한 이야기를 아이들에게 전달해주니 그럼 한번 해보겠단다. 매
일 하는 것이 아니라 일주일에 한 번 하기로 하였다. 꾸준한 관심과
노력이 필요하기 때문이다. 그렇게 시작한 지 2주가 되었다.

첫날은 레벨을 알아보기 위한 테스트였고 이번 주는 모여서 여러 가지 문장을 만들어 보았다고 했다. 이런 이야기, 저런 이야기를 하면서 집으로 돌아갈 때 떡볶이를 먹기로 했다고 하여 그 상황을 문장으로 만들어 보기를 하였다고 했다. 그러니 어떻겠는가? 재미가 있지 않겠는가.

어떠냐고 물었더니 재밌다고 한다. 요즘은 보통 유치원 다닐 때 아이들에게 '영어가 재밌는 것이다'를 알려주기 위해 영상을 보여주고 노래도 불러주고 율동도 했지만, 초등학교 들어오면서 학원을 가면 그 흥미는 다 떨어진다. 많은 숙제와 주입식교육에 노출되기 때문이다. 그러한 폐단을 겪어본 나에게 있어서는 성공적인 대답이 아닐 수 없다. 재미있으니 계속하겠다고 한다. 이렇게 시작된 영어가 먼지 쌓이듯 쌓이지 않겠는가? 계속할 생각이다. 계속 재밌기를 바라보면서 말이다.

난 이렇게 조금은 획일화된 방식과 방법이 아닌 다른 방법을 아이들에게 주고 싶다. 결국은 행복해야 하지 않겠는가? 지금 이 순간 행복하지 않은데 내일 행복을 바라볼 수 있겠는가? 시간은 내게 속한 것이 아닌데 말이다. 그러니 우리는 오늘 지금 이 순간 행복해야 한다. 힘든 과정 힘든 일을 할 수도 있다. 그래도 그 속에 분명 숨어있는 행복을 찾아내어야 한다. 이렇듯 내가 가진 것은 다른 사람과 다름이 많다.

이런 엄마를 쏙 닮은 우리 하딸은 일명 사람들이 말하는 '눈치'가

없다. 그런데 눈치가 없는 사람들은 대부분 순수하고 마음이 여리다
는 것이 내 생각이다. 그래서 상황파악이 더디다.

한번은 이러한 내용을 가지고 아이들과 대화를 나눈 적이 있다. 그
대화 속 결론은 이것이다. '눈치는 재능이다. 훈련하면 좋아질 수는
있지만 타고난 사람을 따라갈 수는 없다.'는 결론을 내렸다. 그리고는
인정하였다. 그러니 우리 하딸은 삶을 좀 더 발전시켜나갈 수 있을 것
이다. 난 알기까지의 시간도 많이 걸렸고 인정하는 것도 시간이 엄청
걸렸다. 그러니 발전이 늦을 수밖에 없었다.

하지만 우리 하딸은 기대가 된다. 나보다 훨씬 빨리 알고, 인정하
고, 발전시켜 나갈 것이니 얼마나 창의적인 것들이 많이 나오겠는가?
이제 그 기발함을 현실화하는 과정을 배워 나가면 되는 것이다.

좋지 않은가? 난 참 행복하고 좋다. 이렇게 모든 것은 사용될 수 있
다. 가능하면 각자 각자의 개성을 존중하는 태도는 그 아이들의 자존
감도 높여주지만 사고의 확장성을 넓혀 가는데 엄청나게 좋은 효과가
있다.

이미 가정에서 자신과 다른 4명의 사람과 부딪히고 훈련받은 아이
는 아무래도 홀로 자란 아이들과 경험치가 다르지 않겠는가? 작은 눈
깔사탕 하나를 늘 칼로 쪼개어 먹어본 경험이 누구에게나 있는 것이
아니다. 그 경험치는 이야기로 알려주기도 힘이 들고, 책으로 배우기
도 쉽지 않다.

삶을 함께 살아내야만 가능한 경험이다. 나는 우리 아이들이 경험
에서는 훨씬 많은 양을 채우지 않나 생각한다. 아직 자라는 아이들이

라 이기적인 면이나 배려하지 못하는 모습들이 보인다. 그러나 배울 곳이 있으니 감사하다.

아이들이 어렸을 때 내가 범한 큰 실수 중 하나는 바로 하군이 아이들 중에서는 맏이이니 늘 그 아이는 처음부터 잘할 것만 같은 착각에 사로잡혀 있었던 것이다. 실수가 허용이 안 되고 가르쳐주면 왜 모를까 하는 생각을 참 많이 하였다. 그러나 어리석은 엄마 밑에서 아이는 건강하게 참 잘 자라주었다. 그것이 당연함을 어찌 이리 늦게 깨닫는 것인지.

그래도 감사한 것은 내가 잘못한 것을 인정하게 된 것이다. 그 후로 아이들은 자유로워졌다. 나도 아이들에게서 자유로워졌다. 우리는 함께 자라는 중이다. 나도 어른이고 엄마이지만 한참 미성숙하기에 아이들과 함께 배워간다. 나를 제일 많이 자라게 하는 사람은 하군이다. 어떨 때는 엄마에게 너무하다 싶은 생각이 들 때도 있다. 이건 아마 '나의 권위의식이 그런 마음을 들게 하지 않나'라는 생각을 해본다. 이렇게 우린 서로에게 도움을 주며 자라고 있다. 어떻게 보면 이렇게 함께 자라야 하기에 더 재미가 있는지도 모른다.

어제는 아이들과 귀 뚫는 이야기를 나누었다. 어렸을 적 뚫고 싶은 마음에 고등학교 때 뚫었지만, 관리를 잘하지 못해서 막혔는데 다시 뚫을까 하는 생각에 같이 뚫어보자고 하딸에게 말해봤다.

"학교에서 걸려. 안 돼."

"방학 때 뚫으면 되지."

"한 달 동안 귀걸이 하고 있어야 하는데 아니면 막혀."

"방학 시작하면 뚫고 한 달하고 있다가 학교 가면 빼고 가면 되지."

하딸은 "응, 아니."로 일괄하였고 막내하딸은 "뚫고 싶은데 아프면 어쩌지? 엄마 언제 갈 거야?" 등등 여러 가지 질문을 하였다.

난 이런 생각을 가진 사람이다. 귀를 뚫는 것이 나쁘지 않기에 당연히 아이들도 귀걸이를 해도 된다고 생각한다. 그렇기에 귀를 뚫자고 분위기를 몰아갔다. 그래서일까? 우리 아이들은 하라고 해도 잘 하지 않는다. 아마 해도 된다는 허용을 먼저 해주기에 자신들이 스스로 하지 않는 것 같다.

교복을 맞출 때도 속이 상했다. 치마를 예쁘게 입어야 하는데 학교 규정은 월남치마가 규정인 것이다. 교복은 기성복에 비교하자면 정장이다. 정장은 단정함이 목적이지 예쁘지 않은 것이 목적이 아닌데 비싸게 산 교복들을 왜 다 예쁘지 않게 입히는지 이해할 수가 없다. TV 광고에는 정말 예쁘게 연예인들이 입고 나와서 광고하면서 아이들은 월남치마를 만들어 입히는 것은 왜일까?

장갑도 예쁜 캐릭터가 있는 장갑은 안 된다고 한다. 이유는 하나, 공부에 방해가 되기 때문이다. 이건 또 어디서 나온 생각인지. 물론 아이들의 집중력을 떨어뜨릴 것을 걱정해서 그런 것이라 예상은 하지만 청소년기 아이들의 심리는 하나도 배려하지 않은 모습에 안타까움이 밀려온다.

성경에 이런 구절이 있다.

"무릇 지킬만한 것 중에 더욱 네 마음을 지켜라!"라는 구절이 있다.

불량엄마의 선택적 교육관

물론 성경에서 의미하는 바는 하나님과의 관계에 대한 말씀이겠지만 얼마나 그 마음을 지키는 것이 힘이 들면 성경에도 나오겠는가? 아이들의 마음을 지켜 주어야 한다. 공부하게 하려면 공부할 마음이 들게 해주어야 하고 그 마음을 지켜내는 방법을 알려 주어야 한다. '하라고 ~ 하라고.' 강요해서 하는 것은 리모컨 버튼을 눌리면 채널이 돌아가는 것과 무엇이 다르겠는가?

아이들은 기계가 아니다. 생각하고 느낄 줄 아는 한 영혼을 가진 인격체이다. 그러니 존중해주어야 한다. 그들의 생각을 말이다. 이렇게 난 오늘도 아이들과 천방지축인 모습으로 함께 자라간다. 내가 줄 수 있는 것은 함께 성장해 가고자 하는 마음뿐이다.

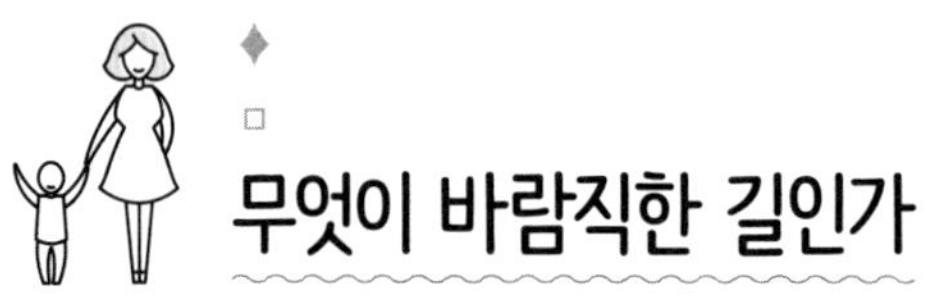

무엇이 바람직한 길인가

세월이 흘러 내가 이 어느덧 불혹의 나이 40살을 넘어선 지 2년이 지났다. 39살에서 40살을 넘어오는 그해 겨울은 참 많이 우울하였다. 왜인지는 알 수 없는 우울감이 나를 감싸고 왠지 나만 그 자리에 계속 머물러 있는 그런 느낌을 지울 수 없어 힘들어했다. 그러나 시간은 참 많은 것을 해결해준다. 그때의 그런 우울감은 어디로 사라지고 난 지금 행복하다. 나이는 더 많이 먹었는데도 말이다.

사람은 다 고비가 오는 듯하다. 나도 그러한데 아이들도 오죽하겠는가? 지금 지나온 세월을 돌아보면 우리 아이들도 '처음 시작할 때는 얼마나 두려움이 많았을까? 엄마가 항상 함께 있다가 없으면 얼마나 외로웠을까?' 하는 생각에 마음이 아파오는 순간도 있다. 하군이 처음 어린이집을 갔을 때 2주 동안 힘들어했다. 그러나 나는 그 마음을 그리 알아주지 못하였다. 내가 하군의 상태를 알아챌 만큼 마음의 크기가 넓은 엄마가 아니었던 것이다.

하군이 어린이집을 겨우 적응하고 지내던 중 몇 개월이 지나지 않아서 일어난 일이다. 계단을 내려오다가 턱을 찢어서 몇 바늘 꿰매었다고 전화가 왔다. 그리고 하원을 한 하군을 보니 감사하게도 턱 바로 밑이라 지금도 흉터가 정면에서는 보이지 않고 얼굴을 들어야만 보인다. 아이는 얼마나 놀라고 무서웠겠는가? 얼마나 울었을까? 그 마음을 이해하기보다는 내가 더 호들갑을 떨었다.

하군은 어릴 때 엄청 까불거리는 아이는 아니었다. 어딜 가도 아빠 무릎을 떠나지 않는 아이였다. 그러다 5살이 지나 6살, 7살이 되니 남자아이의 개구쟁이 모습이 많이 보였다. 그런 7살 아들을 데리고 난 교회 주일학교 수련회를 갔었다. 남자 선생님이 안 계셔서 여자인 나 혼자 갔는데 남자아이들 3명, 여자아이들 12~13명 정도가 갔었다.

7살인 하군은 4학년과 2학년 형들에게 맡기고 밤에는 잠도 떨어져서 재웠다. 샤워도 혼자 하고 형들을 하루 종일 따라다녔다. 그 형들이 하군을 잘 챙겨주었지만, 남자아이들이다 보니 섬세함은 없었다. 지금 생각해 보면 엄마가 너무 용감하게 아이를 보낸 듯하여 마음이 좀 아린다. 그렇게 엄마는 아이를 자꾸 힘들지만 내몰았던 것 같다. 아마 정말 많이 힘이 들었을 것이다.

딸들도 낯선 것을 싫어하는데도 불구하고 억지로 그 낯선 것을 견디도록 하였다. 처음 하딸이 발레를 시작하던 때가 생각난다. 첫날 레슨을 받으러 문화센터에 갔는데 당일에 발레복을 선생님께 구입을 하고자 하여 자신은 발레복이 없었다. 그러니 자신만 발레복이 없고 입은 옷 그대로 들어가게 되었다. 그때부터 울기 시작하는 것이 아닌가? 당황스러웠다. 어찌할 바를 모르고 달래기도 하고 혼도 내보고 협박도 해보았지만, 그날 레슨은 받지 못하였다. 지금 생각하면 '그냥 좀 안아주고 그 마음 좀 받아줄걸' 하는 아쉬움이 크지만 후회가 있어야 성장이 있는 법.

그렇더라도 그 과정들 속에서 자신들은 얼마나 힘들었을까? 어른인 나도 낯선 곳에 혼자 가는 것을 힘들어하고 혼자 해낸 것이 채 10년도 안 되는데, 어린아이를 그리 내몬 것이 후회가 될 때도 있다. 하지만 지금에 와서는 좋은 자양분이 아닌가 하는 생각을 한다.

막내하딸은 그런 언니, 오빠 밑에서 커서인지. 눈치가 100단이다. 집 밖에서의 모습은 정말 한마디도 부정적인 이야기를 들어본 적이 없다. 보고 배우는 것이 무섭다는 것이 몸으로 느껴진다.

아이들을 양육함에 있어 정답이 있을까 생각해본다. 사람에게 정답은 없다. 상황과 형편 그리고 생각이 사람마다 모두 다르기 때문이다. 또한 같은 상황이라 할지라도 사람이 다르기에 또 다를 수 있는 것 아니겠는가? 그러니 정답이 없는 이 삶 속에서 자신이 깨어서 방향을 잡고 살아가는 것이 무엇보다도 중요하다.

세상의 길은 여러 가지, 선택방법도 여러 가지. 그것을 나에게 적용시키며 부딪혀가면서, 무릎도 깨어지고, 팔꿈치도 까지면서 체득하는 것이 내 것이 되는 것이다. 삶은 이론공부가 하니라 실제 적용인 것이다.

공무원들이 탁상공론만 함으로 실제 현장에 적용함에 무리가 많이 따르는 경우가 있지 않은가? 그러니 이론이 좋은 것은 모의 적용이 필요한 것이다. 우리의 삶은 그런데 모의가 없다. 한번 살아보고 괜찮

불량엄마의 선택적 교육관

으면 보완해서 살아가는 것이 아니라 실제로 오늘을 살아내는 것이다. 연습이 없다. 그렇기에 실패해도 어쩔 수 없는 것. 물어낼 수가 없기에 하루하루를 최선을 다하는 것밖에는 방법이 없다.

잘 살아내는 방법에도 사람마다 다를 것이다. 그들의 가치기준이 다 다르기에 말이다. 그럼 내 삶을 잘 살아내기 위한 가치기준은 어떻게 찾는 것일까? 내 삶을 이끌고 갈 질문이 있는가? 난 많은 세월이 흐르고 돌아 돌아와서 결혼하여 아이 셋을 낳고 이 세 아이를 키워가면서 드디어 세상에 내가 하고 싶은 일과 할 수 있는 일을 찾아내었다.

나를 이끌고 가는 삶의 모티브는 '엄마가 바로 서야 자녀가 바로 선다.'이다. '그럼 엄마는 바로 서 있는가?'가 나의 질문이다. 내가 바로 서야 한다. 이것이 내가 찾은 길이고, 갈 길이다. 세상의 모든 엄마가 바로 서길 바란다. 엄마가 바로 설 때 가정의 가장인 아빠도 바로 선다.

대한민국의 키는 엄마가 들고 있다. 집안에서의 엄마의 파워는 막강하다. 일명 '남편을 요리하는 것'도 엄마이다. 자녀를 바르게 길러 사회에 내보내는 것도 엄마이다. 학교가 대신해 줄 수는 없다. 학교는 더 이상 학교가 아니라 학원의 다른 모습일 뿐이다.

지식의 습득만 있는 곳, 공부만 잘하면 되고 성적으로 자신을 표현할 수 있는 곳. 거기다 고등학교를 가면 아이들의 성적으로 등급을 나눈다. 이렇게 교육받은 아이들이 사회에 나가니 당연히 금수저, 은수저, 흙수저 이야기를 하는 것은 당연한 일인지도 모른다. 참 마음이 아프다.

앞에서도 이야기했지만, 우리 집은 정리가 잘되지 않는다. 무엇 때문이겠는가? 엄마가 정리를 최우선으로 두지 않고 어느 정도는 괜찮다는 관념을 가지고 있기 때문에 아이들이 닮아 간다. 난 엄마가 집에서 음식을 잘 만드는 것도 중요하지만, 그 음식을 하느라 아이들끼리만 밥을 먹게 하고 주방에서 싱크대에만 계속 서있다면 그건 옳지 못한 것이라 생각하는 1인이다.

라면을 끓이더라도 같이 대화를 하면서 먹어야 한다. 소 갈비찜을 해주면서 '너희는 먹기만 하여라!'는 내가 지향하는 식사의 모습이 아니다. 여기서 '엄마의 가치기준이 어디에 있는 것인가?'를 알 수 있을 것이다.

난 누구 한 사람의 희생을 강요하는 구조를 가장 싫어한다. 함께 돕고 함께 즐거워하여야 하는 것이 아닌가? 부모라고 꼭 통닭을 먹을 때 아이에게 닭다리를 양보하여야 하는 것은 아니다. 각자 좋아하는 부위를 먹어야 하고 좋아하는 부위가 겹치면 그때 양보를 하여야 한다. 일방적인 양보는 희생이 된다.

희생은 반복적이다 보면 상처를 낳게 된다. 그렇기에 부모의 일방적인 희생은 옳지 못하다고 보는 것이 나의 관점이자 관념이다. 이건 지극히 개인적인 생각이다. 그러나 나는 이것이 바람직하다고 여기기에 고수해가는 것이다. 그리고 '바른'이라는 단어에는 엄청나게 큰 함정이 있다. '바르게 해야지. 바로 앉아서 먹어. 글자를 바르게 써야지. 바르게 행동해야지.' 이러한 말이 아이들을 옥죄어 올 때도 있다. 바른 생활을 하는 것은 아주 이상적이다. 우리는 이상을 꿈꾸지만, 항상 현실에서 허덕이는 나의 모습과 마주한다. 바른 생활의 이상을 현실화해내는 것은 무척이나 힘든 일이다.

자신의 것은 버려야 한다. '세상이 바르다.'라고 하는 가치에 기준을 두어야 한다. 그러나 바른 것은 이것이 아니다. 세상이 바르다고 정한 가치가 다 바른 것은 아니기에 그 '바르게'라는 말 아래의 의미에 집중하여야 한다.

바르게 앉으라는 이야기는 '너의 척추와 몸은 중요하니까 성장기의 아이들이 바르게 앉지 않으면 척추측만증이라든지 다양한 척추와 관련된 질병이 발생할 수도 있어. 선택은 너의 몫이지만 그렇기에 바르게 앉는 것이 좋을 것 같아'라고 이야기해주어야 함이 옳지 않을까?

우리 집의 하하하남매들이 폰을 보고 있으면 엄마의 한마디가 들어간다. '아무리 필요한 폰이라도 거북목이 나오면 엄마는 바로 폰을 폐기처분할 것이다. 건강은 무엇과도 바꿀 수 없는 것이다. 엄마는 너희들이 건강하게 자라길 바란다. 그러니 폰을 바른 자세로 척추와 목이 구부러지지 않게 보자.' 라고 이야기하면 아이들이 자세를 바로 바꾼다.

엄마의 목적이 폰을 없애고자 함이 아니고 건강을 지키고자 함에 있다는 것을 그들은 아는 것이다. 그러면서 늘 이야기해준다. 척추미남미녀들이라고 말이다. 그럼 아이들은 한 번 허리를 바르게 펴서 모델처럼 걸어보기도 한다. 이런 아이들이 귀엽고 사랑스러운 것이다. 이러한 모습이 바람직한 형태의 가정이라고 생각한다.

내가 꿈꾸고 만들어가려는 모습은 이렇게 자유스러우면서 틀이 있고 가족의 충고에 귀를 기울이는 자세이다. 물론 지금 우리 집에 와보면 '이건 아니다.' 라는 부분도 엄청 많다. 아이들과 지지고 볶고 싸울 때도 많다. 그러면서 또 화해하고 친하게 지내고 같이 과자를 먹으며 희희낙락하기도 한다. 그것이 인생 아니겠는가? 그렇지만 그러면서도 부모의 바른 방향을 보는 생각과 관념은 드러나야 한다. 그리하여야 한배를 탄 우리 가정이 방향을 잃지 않고 나아갈 수 있으니 말이다.

가정들마다 가족 구성원이 같은 마음으로 공유함이 필요하다. 공유문화는 너무나도 익숙하지만, 콘텐츠에 대한 공유가 아닌 마음의 공유가 더욱 필요한 시점이 아닌가 생각해본다.

스스로 선택한 삶의 길

　선택은 평생의 숙제이다. 매일 매일 숙제하면서 살아간다. 난 지금도 글을 쓰겠노라 선택하여 글을 쓰고 있다. 아마 '잘하는 것'에 기준을 두었다면 난 선택하지 못하였을 것이다. 하지만 '글을 쓴다.'에 의미를 두었기에 이렇게 열심히 타이핑을 치고 있는 것이다.

　이것은 나의 선택이고 그 선택이 낳은 행동이다. 행동에는 책임이 따르는 것. 출판이 될지, 안 될지는 모른다. 혹여나 안 되어도 나의 책임 되어도 나의 부족한 글솜씨를 부끄러워함을 감당해내는 것도 나의 책임이다. 그러나 괜찮다. 내가 달라졌기 때문이다.

　예전의 나는 잘하는 것만 했다. 못하는 나의 모습이 인정되지 않았다. 그렇기에 새로운 것에 대한 도전이 없었다. 그러니 매일 집에만 있을 수밖에 없었다. 집에서는 아무도 나에게 못한다고 이야기하는 이가 없다. 아이들은 어리니 엄마에게 이렇다 할 이야기를 하지 않고 남편의 충고는 100배로 키워서 자신에게 되돌려주니 말하지 않는 것이다. 그러니 얼마나 이기적인 선택을 많이 했겠는가?

남편과 나는 10년을 싸웠다. 모든 부부가 그랬겠지만 '헤어질까?'도 생각해보았다. 그러나 헤어지면 난 아무것도 아닌 것을 깨닫고는 접었다. 나를 존재하게 해주는 것은 가족이 전부였기에 난 갈 곳도 없었다. 그 이후의 모든 상황을 내가 감당하기에는 너무도 나는 부족하고 작은 모습이었다. 그런데도 자존감은 바닥이면서 자존심만 강하니 어찌 남편과 싸움이 나질 않겠는가? 난 절대로 "미안해"라는 이야기를 하지 않았다. 내가 "미안해"라고 하는 순간 나는 바닥으로 추락하는 느낌이었다. 바보같이… 그렇지 않다는 것을 깨닫기까지는 정말 오래 걸렸다.

앞에서 이야기했듯이 난 눈치가 참 없는 여자다. 그것도 몰랐다. 눈치가 없다는 것을 알려주는 사람도 없거니와 누가 이야기해도 내가 받아들이지 못했을 것이다. 자존심은 하늘을 찔렀고 내세울 것은 하나 없어도 귀담아듣는 것은 싫어했으니 말이다. 나 혼자 잘난 것처럼 대장질할 수 있는 곳에서만 생활하고 나를 인정해 주는 사람하고만 관계를 취하였으니 어찌 제대로 된 삶과 결혼생활을 하였겠는가? 남편이 많이 힘들어했다. 아이들도 힘들었을 것이다. 아직 그때까지만 해도 엄마에게 자신의 생각을 분명히 말하지 못하는 환경이었기에 아이들도 입을 다물었고 남편도 입을 다물었다. 그런 행동도 난 마음에 들지 않았다. 그러다 나의 마음을 쾅하고 내리치는 말이 있었다. 성경 구절 중 '여자는 돕는 배필'이라는 구절이 나를 쾅하고 내리찍었다. 물론 여기서 돕는 이라는 뜻은 보조자가 아니라 함께 협력하는 구조를 이야기한다. 그런데 나는 매일 나 혼자 대장인 것처럼 '나를 따르

불량엄마의 선택적 교육관

라 그렇지 않으면 너는 대역 죄인이다.' 라는 사고로 가정에서 엄마의 역할을 했으니 얼마나 아이들과 남편이 힘이 들었겠는가? 지금 생각하면 참 나빴다. 그렇기에 내가 가진 삶의 모티브가 '엄마가 바로 서야 자녀가 바로 선다.'가 된 것이다.

그 사건 이후로 난 많이 달라지기로 하였다. 그리고 달라졌다. 입에 고운 말을 담기 시작했다. 남편에게 '미안해! 사랑해!'를 하기 시작하였고 남편의 수고를 알아주기 시작하였다. 그렇게 마음을 달리 먹고 바라보니 남편의 희생이, 수고가 느껴졌다. 자신도 6형제의 막내로 얼마나 귀여움과 어리광을 피우면 자랐겠는가? 그런데 결혼을 하고 보니 애기 같은 아내와 아이는 3명이나 있으니 한시도 어깨가 무겁지 않은 순간이 있었겠는가? 그런 남편이 나는 보이지 않았다. 그의 수고가 너무도 당연한 줄 알았다. 어찌 이리도 나빴을까? 할 만큼 남편은 참아주었다. 희생해주었다. 그리고 알아 달라고 하지도 않았다. 물론 지금도 가정을 위해서 최선을 다한다. 그렇기에 아들이 아빠를 따르는 것이 당연하다. 너무 감사한 것은 더 늦지 않고 내가 제정신으로 돌아온 것이다. 내가 달라지고 가정이 달라졌다. 지금의 이런 자유로운 문화는 그 힘든 과정을 보내고 난 후에 알게 된 무엇보다 귀한 가정문화이다.

난 지켜 가려고 노력한다. 우리 가정만의 문화를 그리고 조금씩 더 업그레이드하려고 노력한다. 그래야 우리 모두가 자랄 수 있기에. 아무도 나에게 강요하지 않았다. 단지 기다려주었다. 그리고 내가 깨달고 선택하고 행한 것이다. 이것이 가정의 가장 큰 기능이다. 가정의 울타리가 단단하다면 아이들 아니 가족 구성원 모두가 변하게 되어 있다. 하지만 키는 찾아야 한다. 시동을 걸어주어야 한다. 동기부여는 있어야 한다. 그저 그냥 방치하는 것과 기다려 주는 것은 다른 개념 이다. 기다림은 시간을 들이고, 정성을 들이고, 관심을 기울이며 바라보는 것이고 방치는 어떻게 되든 상관이 없는 것이다.

방치와 방목을 잘못 이해하면 안 된다. 푸른 농장에 양떼들을 방목 해서 키우는 것을 보면 양들이 자유롭게 다니며 풀을 뜯어먹지만 때 가 되면 주인이 양떼를 모아 다른 들판으로 이동한다. 이렇듯 언제나 주인은 양에게 관심을 쏟고 있다. 하지만 방치는 혼자 어딜 헤매는지 를 알 수 없고 부르는 이도 없으며 관심을 갖는 이도 없다. 계속 혼자 인 것이다.

이런 분별을 아이들은 할 수 없다. 부모가, 엄밀히 말하면 엄마가 해주어야 한다. 자유를 주지만 방종하지 않도록 하는 것. 가끔은 힘 이 들 때도 있다. 그렇더라도 버텨내야 한다. 모든 가정마다 절대적인 가치가 있을 텐데 그것은 절대 흔들리면 안 된다. 목숨을 걸고 지켜 야 하는 것이다.

한 번 흔들리면 두 번 흔들리고 그러다 보면 계속 흔들리고 그렇게 흔들리면 뿌리가 뽑히는 것이다. 물론 뿌리를 단단히 내린 나무는 어 떠한 태풍이 몰아쳐 와도 흔들리지 않겠지만, 그 나무의 뿌리가 깊은 지는 삶의 고난이 와 보아야 알 수 있는 것. 그렇게 깊은 뿌리를 내리 기 위해서는 방목 안에서 자신의 많은 경험치를 내공으로 쌓아야 하

불량엄마의 선택적 교육관

는 것이다.

쉬운듯하지만 어려운 것을 느끼겠는가? 정말 해주는 것이 쉽다는 말을 공감할 것이다. 알아서 그냥 밥상 차려주고 떠 먹여주는 것이 쉽다. 그 아이가 메뉴를 정해서 장을 보고 요리를 해서 밥을 차려서 먹게 하는 것을 지켜보는 것은 내가 밥을 차려서 먹여주는 것보다 아마 100배는 힘든 일일 것이다. 그러나 해내어야 한다. 그래야 그들이 바른 선택을 할 수 있는 경험치를 늘려주는 것이기에 말이다.

그러면서 자신을 한번 돌아보라. 나는 정말 어떠한 삶을 살아오고 내가 여태껏 해온 나의 선택은 어떤 기준을 가지고 있는지를 말이다. 그것을 들여다볼 수 있다면 이제는 성장할 일만 남은 것이다. 이 모든 것은 철저하게 자신의 몫이다. 그렇지만 함께하는 이가 있기에 힘이 나는 것이다. 가족은 팀플레이다. 2002년 월드컵을 생각해보라. 우리 하군이 뱃속에 있을 때 한창 월드컵 경기가 있었고 난 남산만 한 배를 하고는 "대한민국 짝짝짝 짝짝"을 외쳤다.

축구를 보면 알 수 있다. 팀은 11명이나 되는 팀원들이 모여 있으나 각자의 포지션은 다르다. 다른 역할을 하고 있지만 동시에 유기적으로 공격이 필요하면 수비가 올라가 공격에 가담할 때도 있고 공격이 수비에 가담할 때도 있다. 선수들은 '공은 둥글다.'라는 말처럼 언제, 어떻게 변화할지 모르는 상황 속에서 순간적으로 판단하여 경기를 이끌고 나가야 한다. 그리고 이러한 경험을 쌓기 위해서 다른 국가와 친선경기를 많이 하는 것이다. 그리고 경기장 밖에서 전체경기의 흐름을 읽어주는 감독과 코치가 있다. 이렇게 경기장 안과 밖으로 같이 호흡하며 한마음으로 방향을 설정하고 협업할 때 좋은 경기를 펼칠 수 있다.

우리 모두는 2002년 감동의 순간을 잊지 못할 것이다. 여기서 눈여겨보아야 할 것이 있다. 가정 내의 감독은 누구인가? 아빠이다. 전체를 책임지고 나가는 역할.

그럼 코치는 누구인가? 엄마이다. 코치는 선수와 가장 밀접한 위치에 있으며 감독과 선수를 연결해주는 역할을 한다. 연결고리가 되는 것이다. 감독의 나아가고자 하는 방향을 알고 선수의 기량도 알고 하니 그들을 세우기 위하여 격려도 하고 훈련도 하는 것이다. 그렇게 팀이 잘 어우러졌을 때 승패에 상관없이 진정한 경기를 펼칠 수 있는 것이다. 선수들이 경기에서 패하고 들어왔는데 감독이나 코치가 질타만 한다면 경기에 다시 뛰고 싶겠는가? 그들은 위로와 격려가 필요하고 자신의 기량이 부족하다 느끼면 그 부족을 코치와 의논하여 채워간다.

여기서 중요한 것은 선수 자신이 부족을 느껴야 하는 것이며 그 부족을 코치가 캐치하여 함께 채워가야 하는 것이다. 하지만 자신은 부족을 느끼지 않는데 코치가 채우라고 하면 갈등이 생기는 것이다. 또 수용적인 자세의 선수라면 코치의 충고를 들을 수 있을 것이다. 이 모든 것을 지켜보면서 방향을 잡는 것은 감독의 몫이다. 우린 이런 '팀플가족'을 만들어야 한다.

아이들에게 학교는 경기장이다. 그 경기장에서의 플레이는 코치인 엄마가 직접 뛰어들어가 개입할 수 없다. 그것은 반칙이다. 물론 감독도 마찬가지이다. 그럼 어떻게 해야 하는가? 가정 안에서 그 부족을 채우고 지지하며 아이들을 잘 양육해서 경기장으로 보내야 하는 것이다. 그래도 감사한 것은 학교는 아직 친선경기장이다. 진짜 경기는 시작되지 않은 것이다. 그때를 위하여 체력과 경험치를 늘리는 중이다.

다시 한 번 말하지만 감사한 것은 우리 하하하남매들은 아직 친선경기 중이라는 것이다. 엄마는 실전에 뛰고 있지만, 그 또한 괜찮다. 항상 우리에게는 다음이 존재하기 때문이다. 이렇게 우리 자신이 선택한 삶이 때로는 거칠고 험한 산길일 수도 있고, 때로는 평탄한 대로변일 수 있지만, 무엇보다 함께하는 가족이 아니면 팀이 있기에 행복한 삶을 살아낼 수 있다.

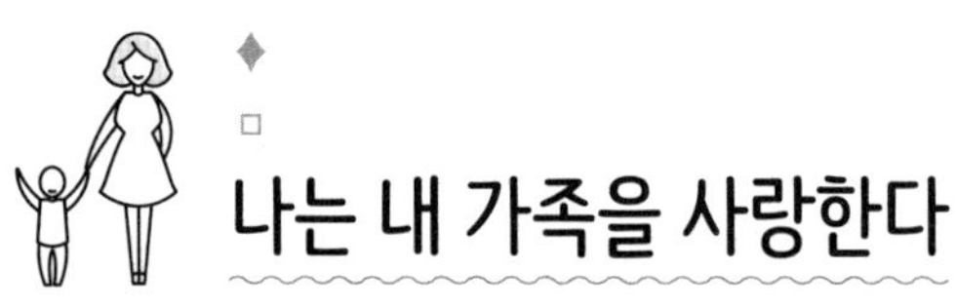

나는 내 가족을 사랑한다

추운 겨울 거실에 앉아 노트북을 열었다. 얼마 전 우리 거실에 들어온 벽걸이 히터 소리가 요란하다. 좌식생활을 하지 않는 우리 집은 보일러는 잘 돌리지 않는다. 같은 주택 살이지만 아이들이 어릴 때는 보일러 기름값만 40만 원 정도가 들어갔다. 도시가스가 한창 들어오던 시대에 기름보일러를 쓰는 우리 집은 겨울 난방비가 엄청 들어갔다. 그래도 도시가스로 바꾸고 나서는 절반 정도의 난방비가 들었다.

하하하남매는 추우면 자신의 침대에 전기장판을 깔고, 패딩을 입고 다녔다. 그러다가 한기가 너무 많다고 아빠가 쿠팡으로 총알배송을 시킨 히터 덕분에 패딩은 입지 않아도 될 정도가 됐다. 전기료는 얼마나 나올지 의문이지만 이렇게 집안으로 들어온 겨울 난방용품. 역시 이런 부분은 엄마인 나보다 아빠가 낫구나. 난 또 요런 부분에서는 구입을 망설인다. 월 전기료도 많이 들어가고 꼭 필요한가도 생각해 보아야 하기 때문이다. 그렇다고 아주 알뜰살뜰한 성격도 아니면서 말이다. 엄마 생각에는 지출의 우선순위에서 아래 순위에 해당하기 때문에 그런 것이다.

불량엄마의 선택적 교육관

최근 아들과 작은 말다툼이 있었다. 토요일에 일이 있어 외출하고 들어온 나. 아들이 자신의 방에서 방 청소도 안 하고 게임을 하는 모습에 화가 좀 나있었다.

그렇게 시작된 대화,

"청소도 안 하고 왜 이렇게 게임만 하고 있어?"

"주 중에 방 청소를 했으니 안 해도 되잖아요."

"그럼 게임도 하루만 하고 매일 안 해도 되는 것이 아니야?"

"엄마가 주 중에 청소하면 주말에는 안 해도 된다고 했잖아요."

난 기억이 나지 않는다.

그래도 시작했으니 어쩔 수 없다. 다시 이야기하였다.

"청소를 더러우면 하는 거지 일주일에 한 번이 어디 있어?"

"나는 지금 친구들과 게임을 하고 싶어요."

친구들을 만나서 놀고 싶지만, 돈이 없어 못 노니 어쩔 수 없이 온라인상에서 만나서 게임을 하면서 논다는 것이다. 그러면서 용돈이 작음을 이야기하지만 그건 각 가정의 상황이 다르니 넘어가고 엄마의 이야기 하고 싶은 말의 핵심이 무엇이냐고 하는 것이다. 순간 당황했지만 그래도 대화를 이어갔다.

"청소를 하고 게임을 하는 것이 어때? 엄마는 이렇게 너저분하게 널부러져 있는 모습이 싫어."

"내 방이니 너무 많은 신경을 쓰지 마세요."

"그럼 정리를 하지 않는 것이 맞는 거야? 정리를 하는 것이 맞는 거야?"

"정리를 하는 것이 맞지만, 꼭 지금 하지는 않아도 되잖아요! 친구들과 한창 놀고 있는데 굳이 지금 해야 돼요? 친구들과 다 놀고 하면 되는 것이 아니에요?"

"사이버상에서 만나는 친구는 잠시 후에 만나도 되는 것이 아니야?"

"그럼 친구들이 게임을 하다가 다 나가버리면 재미가 없단 말이에요."

라는 것이다.

나는 아날로그에서 디지털로 넘어온 이주민으로서 그 사이버상의 친구들과 노는 것이 오프라인상의 친구들과 노는 것과 다르다는 사고를 가지고 있지만, 현재 태어날 때부터 디지털과 함께 생활해온 원주민과는 사고 자체가 다른 것을 한 번 더 느꼈다. 그리고는 서로 조율을 시작했다.

"그럼 어떻게 하면 좋을까?"

나도 이해가 안 되고 하군도 왜 정리를 하고 게임을 해야 하는지 이해가 되지 않는다고 했다. 어쩔 수 없이 생기는 이 세대 차이를 인정하여야 한다. 아들은 게임을 하고 정리를 하겠다고 했다. 그럼 나도 그 세대 차이를 인정하고 몇 시에 할 것인가를 물었다. 그래야 엄마도 더 이상 같은 이야기를 반복하지 않겠는가라는 말에 아이들과 게임이 끝나면 넉넉잡아 2시간 후 그럼 그때 청소를 해두겠다는 것이다. 그럼 콜 알겠다. 서로를 인정하여 시간을 정한 후 처음에 화를 내서 미안하다는 말을 하고 우리의 말다툼은 끝이 났다. 다시 일이 있어 외출하고 집에 들어오니 정리가 다 되어 있었다.

아! 이렇게 서로의 생각을 알아가는 것이다. 서로를 인정하는 것이 가정 안에서 아이들이 경험해야 하는 사랑의 모습이다. 나는 우리 하하하남매를 사랑한다. 그렇다고 내가 좋다고 여기는 것만 줄 수는 없는 것이다.

그것이 그 아이에게는 좋다고 할 수 없기 때문이다. 사랑은 표현하므로 상대가 느끼는 것이다. 그 사랑의 표현은 정말 각양각색으로 표현된다.

한 예가 잘못된 사랑의 표현방식인 스토킹이다. 상대의 일거수일투족을 다 알려고 하면서 따라다니는 형태는 사랑을 빙자한 폭력이다. 유명한 연예인들의 스토킹 기사를 매스컴을 통해 종종 볼 수 있다. 그러나 주위를 둘러보라. 여러 아이의 스토커를 만날 수 있다. 그 스토커는 엄마이다.

현시대의 엄마들은 자신 아이의 모든 것을 알아야 한다는 강박관념을 가지고 있다. 예전의 부모들은 먹고사는 문제 때문에 너무 자녀들에게 소홀하고 무심했더라면 요즘 부모들은 너무 많은 에너지를 자녀들에게 쏟는다. 그리고 하루 24시간을 아이에게서 눈을 떼지 않는 부모도 있다. 물론 여기서는 너무 어린 자녀의 엄마는 예외이다. 이렇게 엄마가 모르는 일이 하나도 없을 정도로 모든 일에 사사건건 간섭을 받는 아이들은 자존감이 낮고 자신감이 떨어진다. 자신이 스스로 해결 할 수 있는 문제가 없기에 사회성을 발달시킬 기회가 적어지는 것이다.

　조금 힘이 들더라도 어려서부터 자신이 해결해보고자 노력을 하고 그 문제를 해결하는 자신을 경험도 해보아야 성취감을 얻고, 성장이 가능하다. 그런데 극성적인 엄마들은 일어나는 모든 상황을 다 간섭하고 개입하니 아이는 어찌 보면 자신의 일인데도 자신의 일이 아닌 엄마의 일이 되어버리는 것이다.

　헬리콥터 맘을 아는가? 아이 주변에서 계속 돌면서 관찰하는 엄마들을 빗대어 하는 말이다. 나 또한 그런 때가 있었다. 특히나 하군은 엄마가 시키는 대로 하는 경우가 많기에 그런 아이를 착하다고 이야기하면서 엄마가 아이의 의견은 물어보지도 않고 자신이 원하는 대로 아이를 이리저리 이끌고 다닌다. 그럼 그 아이는 엄마에게 칭찬을 받고자 재미가 없어도 재미있는 척, 잘하는 척을 한다. 엄마의 기대에 부흥하고자 열심히 노력하는 것이다. 그러다 청소년기가 되면 그렇지 않다는 것을 깨닫고는 반항을 시작한다. 그럼 부모님들은 '우리 아이가 그럴 아이가 아닌데 이상하다. 친구를 잘못 만난 것이 아닌가?' 하는 이야기를 하면서 또 아이를 몰아간다. 이러다 보면 갈등은 더 악화되고 더 깊어진다.

　여기서 주목해야 하는 것은 부모는 자신이 잘못되었다고 생각하지 않는다는 점이다. 다 너를 위해서 그러는 것이다. 다 사랑해서 그러는 것이라고 이야기한다. 그러나 그 사랑의 표현이 아이를 옥죄는 것임을 어른들은 알지 못한다.

불량엄마의 선택적 교육관

참 어려운 숙제이다. 자신들이 원하는 대로 다 해줄 수도 없고 부모가 원하는 대로 다 할 수도 없다. 그러니 갈등은 계속되고 감정의 골은 깊어지며 힘들어지는 것이다. 그래도 계속 싸워야 한다. 갈등은 가족이 가까워지기에 좋은 재료라 한다. 물론 갈등이 없이 가족 간의 좋은 관계가 유지되면 좋겠지만 각자 특성이 다른 사람들이 모여서 가족이라는 울타리에서 세상의 모든 사람보다 가장 많은 시간을 함께 보내는데 어찌 갈등이 없을 수 있겠는가? 이 갈등을 해소하거나 해결하지 못하기 때문에 힘이 드는 것이다.

갈등은 당연히 생긴다. 하나가 해결되어도 또 생긴다. 그러면서 가족이 단단히 세워지는 것이다. 갈등은 절대 회피하면 안 된다. 직면해야 한다. 대부분 갈등이 생기면 버텨내기가 힘이 들어 회피한다. 알면서도 아는 척을 하기 싫은 것이다. 그러니 해결되지 못한 감정의 찌꺼기가 마음속에 남아 암세포처럼 마음을 병들게 하고 관계를 악화시키는 것이다. 그러면 안 된다. 좋지 않은 감정은 다 소진해버리고 없애버려야 한다. 비 온 뒤에 땅이 굳듯이 관계는 훨씬 더 돈독해진다.

하군이 6학년 때 또래집단이 형성되어 같이 PC방을 다니기 시작했다. 엄마인 내가 생각하는 PC방은 TV에서나 보는 그런 어른들이 하루 종일 게임이나 하는 그런 악의 중심지와 같은 곳이었다. 그런 곳을 6학년이 다니기 시작하니 엄마랑 얼마나 많은 갈등이 있었겠는가? 정말 많이 싸웠다.

남자아이치고 특별히 나대지도 않고 나서지도 않는 편이었고 설득하고 이해시키면 되는 아이였는데 사춘기가 시작되면서 자신을 드러

내기 시작하였다. 엄마는 당황스러웠다. '왜 그럴까?'라는 생각보다 '좋지 않은데 왜 하지? 다 설명해주는데 왜 그런 걸까?'라며 아이를 다그치기 시작하였다. 그러나 그것은 잘못된 사랑의 표현이었다.

나 또한 남편이 내가 좋아하지도 않는 향수를 사왔다고 타박을 하였음에도 불구하고 똑같은 행동을 하는 것이다. 그 당시 아빠와도 많이 싸웠다. 엄마가 안정이 안 되니 당연히 가정이 안정이 안 되고 그 당시 남편이 저녁에 퇴근하고 집에만 오면 아들과 싸운다고 집에 들어오기 싫다는 이야기까지 하였다. 그래도 아둔한 엄마는 자기 잘난 맛에 아이를 훈계한다고 매일 저녁 아이를 야단친 것이다. 그러나 우리는 그 터널을 지나왔다. 버텨낸 것이다. 그러면서 힘들지만 그 세월이 쌓이면서 서로 대화라는 것을 하게 되었다. 처음 시작한 형태는 대화가 아니였지만 그렇게 몇 시간을 화도 냈다가 달래도 보았다가 하면서 서로가 내공이 쌓였다.

지금도 말다툼을 안 하는 것은 아니지만, 서로가 이해하려 노력한다. 그리고 서로에게 좋은 합의점을 찾고 개선해나간다. 갈등이 잘못된 것이 아니란 것을 난 아들을 통하여 배웠다.

아이가 그랬다. "싸우는 것은 나쁜 게 아니야. 친구들도 싸우면 더 친해진다. 싸움은 좋은 것이다."라고 말하는 것이다. 그렇다. 갈등 자체가 나쁜 것이 아니다. 갈등이 있다는 것은 서로에게 사랑이 있다는 것이다. 하지만 이 갈등을 잘 해결하는 것이 중요하다. 절대 회피해서는 안 된다. 힘들더라도 끝까지 직면하고 해결하여야 한다. 그렇게 우리 가정은 또 한 단계 성숙하게 되었다.

불량엄마의 선택적 교육관

　이렇게 우리 하하하남매 가정은 매일 매일 쌓아간다. 사랑하는 마음을, 서로 이해하려는 마음을, 서로 인정하는 마음을 말이다. 하루만에 절대 되지 않는다. 그리고 TV나 영화 속처럼 아름답지만은 않다. 하지만 우리는 함께 이 과정을 헤쳐 나가기에 행복할 수밖에 없다.

맘껏 누리는 삶

　자연은 때가 되면 옷을 갈아입는다. 가을이 옷을 거의 다 벗어버리고 겨울의 옷을 입어가는 중이다. 난 겨울을 참 좋아한다. 어릴 때부터 겨울의 그 차가운 느낌이 좋았다. 부산이 고향인 나는 겨울바다를 좋아해서 해운대에 자주 놀러 갔다. 그 밤바다 파도소리가 그리도 좋은 이유는 무엇인지….

　고등학교 때부터 그랬으니 당시 나의 마음이 얼마나 바다와 같았는지도 느낄 수 있다. 지금은 가을과 봄도 눈에 들어온다. 난 꽃을 보면서 '예쁘다'라고 느낀 지가 얼마 되지 않았다. 겨울 단풍잎의 색이 그리 아름다운지도 몰랐다. 그러나 역시 사람은 변하는가보다. 마음에 조금씩 따뜻한 봄바람이 불고 있는 것이다. 엄마의 마음에 봄바람이 부니 가정에도 봄바람이 불어 따뜻해지고 있다.

　사람은 참 신기하다. 내가 조금씩 변하였는데 상대도 변하게 된다. 내면의 변화는 모양이나 형태가 있는 것은 아니다. 그저 표현이 달라질 뿐이다. 그러나 그 표현이 다름으로 상대가 느끼는 것은 엄청난 변

불량엄마의 선택적 교육관

화로 느껴질 수 있다.

대한민국은 '빨리빨리'의 나라이다. 무엇이든 빠른 변화와 결과물을 기대한다. 기다려주는 것이 참 힘든 나라인 것이다. 나도 대한민국의 한 국민으로서 빠른 것을 기대한다.

아이가 악기를 하나 배우러 가면 빨리 곡을 하나 연주했으면 좋겠고 영어를 배우러 가면 빨리 원어민과 영어로 대화했으면 좋겠다. 그러니 질문 자체가 아이의 마음을 읽고 얼마나 흥미롭게 배우고 있는가에 맞추어있지 않다. 그저 진도가 얼마나 나갔는지 그래서 언제 연주가 가능하고 언제 영어로 대화가 가능한지를 물어본다.

엄마들이 학원상담을 받으러 가면 가장 중요하게 여기는 것은 교육 과정이 어떻게 되어있는지 그리고 그 과정을 얼마나 받으면 우리 아이가 다 해낼 수 있는지가 중요하다. 학원 선생님 아니면 학원 분위기가 우리 아이와 얼마나 잘 맞는지 또한 아이의 흥미를 계속 유지해줄 수 있는 곳인지 살피지 않는 경우가 많다.

나도 되돌아보면 아이에게 물어보면서 결정한 듯하지만, 결론은 엄마가 정해놓고는 아이에게 그런 것처럼 이끌고 갔던 모습을 인정하지 않을 수 없다. 우리는 모두가 개인의 선택으로 삶을 살아간다. 물론 타인의 영향을 안 받을 수는 없다. 그렇지만 타인에 이끌려 살아가는 것은 옳지 않다. 각각 독립된 인격체로 볼 때는 아이 입장에서는 엄마도 타인이고 엄마에게 있어서는 아이도 타인이다. 그러나 우리는 그것을 인정하는 것이 너무도 어렵다.

‘우리’라는 개념이 꼭 ‘우리 안에 갇혀있는 돼지들’을 연상시키는 것 같다. 우리에 넣어두고 여물을 주면 여물 먹고, 먹은 것을 싸고 싶으면 싸고, 그저 그 안에서만 누리게 하는 것이 안타깝다.

세상은 넓다. 그리고 그 넓은 곳에서 경험할 수 있는 것과 누릴 수 있는 것은 너무도 많다. 하지만 우리에만 갇혀 있게 되면 우리 밖에 나가고 싶어 하질 않는다. 두려움도 힘든 것도 호기심도 싫어진다. 그저 받는 것에 안주하며 살아가는 것이다. 우리는 지금 우리 아이들을 이렇게 키우고 있다. 학교, 가정이라는 곳에 가두어두고는 어디도 갈 수 없게 하고 엄마가 그저 해주는 대로 로봇처럼 살아가기를 원한다. 이것은 무엇인가 잘못된 것이다. 아이들도 누려야 한다. 세상을 경험하고 경험한 것을 토대로 성장하며 살아야 한다.

나 또한 마찬가지다. 엄마이지만 나 자신이다. 내가 누리고 경험하지 않고서는 어찌 아이들에게 설명해 줄 수 있는가? 가끔 페이스북을 보면 세계여행을 다니는 사람들의 사진들과 소통의 글들이 올라오는 것을 볼 수가 있다. 그들의 그 도전정신과 자유로움이 너무 부럽다.

난 나 자신을 우리 안에 가두는 사람 중의 한 명이었다. 그래서 그 우리를 박차고 나가는데 엄청난 시간이 걸린다. 자동차 운전을 배울 때도 그랬다. 자동차 운전 면허증을 따고도 운전을 하기까지는 엄청난 시간이 걸렸다. 나 자신을 믿지 못한 것이다. 우리를 박차고 나가지 못했다. 그러다 차로 5분도 안 되는 막내의 어린이집까지 매일 태워주었다. 같은 길을 반복하는 힘을 그때 느꼈다.

매일 같은 길로 데려다주기를 일주일 그리고 그 다음 주는 그 옆길로 데려다주기를 일주일 그렇게 한 달을 짧은 거리를 반복하면서 나는 근력을 키워갔다. 운전해서 가다가 차선변경을 해야 하면 어찌나 떨리고 가슴이 쿵쾅거리던지 그러다 변경을 하지 못하면 그저 돌아갔다. 난 그렇게 돌아가는 것이 옳다고 여겼다.

초보운전자가 무리한 차선변경을 하다가 사고가 나는 것보다는 돌아가면 되는 것이다. 이 경험은 나에게 정말 엄청난 자신감을 가져다주는 경험이었다. 그리고 난 깨달았다. 나라는 사람은 두려움이 많기에 무언가를 덥석 하지는 않는다. 하지만 나 자신이 꼭 해야만 하는 역할이 주어지만 두렵고 무섭지만 해낸다. 그것을 알게 되었다.

아이들을 키우는 데 정말 필요한 것이 운전이었다. 남편이 늘 해주었지만, 언제까지 해줄 수는 없는 것이며 사교적이지 못한 나는 택시를 타는 것도 조금 힘이 들었다. 그런 내가 아이들을 데리고 어디라도 가려면 운전을 해야 했다. 그것도 사실은 하지 않으려 집에만 있었는데 교회에서 주일학교 교사를 맡으면서 그 아이들을 태워 주러 가야 하는 일들이 생겼다. 내 아이야 내가 그냥 데리고 걸어가거나 아빠가 끝날 때까지 기다리면 되지만 다른 집 아이들을 그럴 수 없는 것이다.

그렇게 어쩔 수 없이 할 수밖에 없는 상황이 처해지니까 배우게 되는 것이다. 이 성향을 깨우친 것이 나는 너무 감사하다. 그래서 지금 나는 무언가를 하게 되면 그저 함께만 하는 것이 아니라 나서서 해야 하는 임원을 잘 맡는다. 아니면 내가 리더가 된다. 그러면 나는 무언가를 해나가는 사람이 된다. 그러나 그렇지 않을 때는 조금 소극적인 자세를 취하게 된다.

이런 내 모습이 싫을 때도 있고 가끔은 무엇인가를 책임지고 나가는 것이 부담스러울 때도 있지만, 이제는 감당해 내려 한다. 조금 못해도 버텨내고 조금 힘이 들어도 해내려 하고 조금 어려움이 닥쳐도 피하지 않으려 한다. 그렇게 도전하는 습관이 조금씩 내 안에 들어오게 되었다. 이런 내가 지금은 참 좋다.

도전한다는 것은 힘이 드는 일이다. 하지만 엄마의 이런 모습을 아이들이 보고 있기에 또 지속하게 된다. 가끔씩 아이들도 내가 하고 있는 일들에 대하여 물어볼 때가 있다. 아니면 진행하고 있는 일에 대해서 결과나 과정을 궁금해 할 때도 있다. 그럼 있는 그대로 이야기해 준다. 계속 진행되고 있는 사항이라든지 혹 진행이 중단된 일이라든지 거의 모든 것을 이야기해준다. 그럼 가끔 조언을 해줄 때도 있다. 그런데 정말 그 조언이 도움이 될 때가 많다. 특히나 다른 아이들과의 수업에서 있었던 일들을 이야기하고 조언을 구하면 정말 진지하게 조언을 해주고 또 위로도 해준다. 난 우리 하하하남매들의 이런 면들이 좋다. 함께 공유하고 이야기할 수 있는 상황과 환경이 말이다.

어떨 때는 엄마가 철이 없어 하하하남매들이 더 어른스러울 때도 있으며 마음 넓게 이해를 해줄 때도 있다. 그럴 땐 왠지 부끄럽기도 하지만 뿌듯하기도 하다. 이것이 함께 또는 각자가 풍성히 누리는 삶이다.

　개인의 삶들은 정말 가지각색이다. 어느 하나, 같은 삶이 없다. 같은 환경에서 자란다 하더라도 각각의 생각이 다르기에 완전히 다른 삶을 살아간다. 그렇기에 자신에게 주어진 삶들을 어떻게 풍성히 누리느냐가 중요하다. 누구는 아이스크림 하나에 만족하며 살지만, 누구는 아이스크림도 먹고 과자도 먹기를 바라는 것이다.

　'아이가 공부도 잘하고 운동도 잘했으면 좋겠고 음악도 잘했으면 좋겠다.'라는 것이 부모의 마음이다. 그러나 우리는 잘하는 것을 삶의 목적으로 두면 안 되는 것이다. 그러면 잘하지 못했을 때에 오는 실망감에서 벗어나지 못할 수도 있기 때문이다.

　아이들이 넘어지면 훌훌 털고 씩씩하게 일어나는 아이가 있는가 하면 자리에 앉아서 엄마가 올 때까지, 누가 위로해줄 때까지 우는 아이가 있다. 엄마가 곁에 있을 때에 일으켜 세워주면 되지만 친구들과 놀면서 그런 경우에는 자신이 털고 일어나야 된다. 친구들이 일으켜 세워주고 위로해 주기도 한다. 그러나 치열하게 놀 때에는 자신의 것에 신경 쓰느라 못 볼 수도 있다. 그럼 언제까지 앉아 있을 수는 없는 일. 그러니 잘하는 것에 목표를 두지 말고 최선을 다함에 목적을 두어야 한다. 그래야 '괜찮아'가 가능하다.

　삶에는 정답이 없다. 얼마나 자신이 풍성하게 삶을 누리는 것이 중요하다. 우리는 매일 매일 나에게 주어진 것으로 풍성하게 누리며 살아야 한다. 그러기 위해서 잘하는 것보다 최선을 다해 살아내는 삶 속에서 진정한 자신의 삶을 살아낼 수 있을 것이다.

나는 불량엄마

　　오늘도 아침에 테이블에 앉아 타이핑을 치고 있다. 우리 하하하남매들은 순차적으로 일어나 샤워하고 교복을 입고는 자신이 먹고 싶은 대로 아침을 먹고 간다. 가장 먼저 나가는 하딸은 우유에 코코볼을 먹고, 아침부터 밥이 안 들어간다는 하군은 아침을 먹지 않은 채로, 막내하딸은 일어나 씻고는 에어프라이기에 만두 5개를 구워서 먹고 간다.

　　이런 아침의 모습이 어떠한가? 참 이상적이지 않은 아침 풍경인가? 아침에 아이들을 깨우기가 힘들다고 이야기하는 엄마들도 많다. 난 '일어나자'라는 말을 3번 이상 하지 않는다. 방 안에 들어가서 불을 키고 '일어나자'라고 이야기하면 그때부터는 자신들의 선택에 맡기는 것이다. 늦으면 늦는 대로 빠르면 빠른 대로 말이다. 이런 엄마의 모습이 무책임해 보일 수도 있다. 하지만 우리는 매일 이렇게 등교한다. 누구 하나 불만은 없다. 자유롭게 챙겨서 가는 것이다.

　　그러나 엄마인 내가 가끔 너무 '아이들을 챙겨주지 않나?' 라는 생각도 잠시일 뿐 하하하남매들은 이런 환경이 좋다고 한다. 나 또한 그

불량엄마의 선택적 교육관

들이 선택한 대로 들어주고 싶다. 아침밥을 억지로 먹어서 아이의 기분이 상하는 것보다 자신이 하고 싶은 대로 하고 기분 좋게 등교하는 것이 옳다고 보는 것이다.

먹는 것이 다가 아님을 우리는 알아야 한다. 엄마의 역할은 밥만 해주는 것이 아니라는 것도 알아야 한다. 애들에게 밥 한상 거하게 차려 먹이는 것에 너무 목숨 걸지 않았으면 좋겠다. 무엇보다 중요한 것은 서로가 얼마나 소통하고 배려하고 있는가가 중요하다. 아무리 맛있는 것을 먹으러 가도, 아무리 맛있는 것을 해준다 하더라도 먹고자 하는 사람에 대한 배려가 없다면 의미가 없는 것이다.

난 항상 함께함에 의미를 둔다. 그리고 꼭 함께하지 않아도 되는 일에는 강요도 하지 않는다. 지난 주일에 할머니가 밥을 사주시겠다고 저녁에 오라고 하시는 것이다. 하군이 "피곤한데 안 가면 안 돼?"라고 이야기하였다. 이럴 때는 단호하다. '할머니가 밥 먹으러 오라고 하시는 것은 밥을 먹는 것이 목적이 아니라 너희들의 얼굴이 보고 싶다는 의미'라는 것을 한 번 더 일깨워주고 우리는 함께 밥을 먹으러 갔다. 이럴 땐 따로는 안 된다.

하지만 갑자기 먹고 싶은 음식이 있어 나가는 외식에는 가기 싫다는 아이는 두고, 가겠다는 아이만 데리고 간다. 이렇게 경우에 따라 자율성은 달라진다. 대부분의 부모가 "아이가 안 따라오려고 해서 안 데리고 왔다."고 이야기하면서 가족모임에도 아이들을 두고 오는 경우가 많다. 이건 정말 잘못된 행동이라 생각한다. 아이들이 어른 사이에서 할 것도 없고 심심해한다는 것이 이유이다. 그러나 견뎌내야 하는 것이다. 그 안에서 다른 것을 찾아야 한다. 조금 불편함이 있어 하기 싫다고 하지 않는다면 그 아이는 어른들과의 불편한 자리에서 버텨내는 것을 어디에서 배우겠는가?

사회에 나가서 배운다면 아마 지금보다는 몇십 배 힘들 수도 있다. 그러다 마음에 들지 않으면 어른이라도 그 자리를 박차고 나올 수도 있다. 그렇기에 이러한 것은 가정에서 배워서 나가야 한다. 그래서 이겨내기까지는 힘이 든다. 이런 모습을 보고 아이들을 배려해 주지 않는다고 이야기하는 사람들도 있다. "애들도 재미가 있어야지 말이야. 어른들만 있는데 아이들이 얼마나 힘이 들겠는가?"라고 말이다. 나도 인정한다. 힘이 들고 짜증나겠지만 난 그때는 아는 척을 해주지 않는다. 홀로 이겨내는 습관을 들이기 위함이다. 난 외부에서 보면 참 엄마가 아이를 생각하지 않는다고 할 수도 있다. 그렇기에 난 불량엄마이다.

아이들과 함께 학교도 결석하고 놀러 간다. 학교 규칙에 어긋나는 행동도 나쁘지 않으면 묵인한다. 퇴근하고 온 아빠와 함께 저녁을 라면으로 때울 때도 있다. 하루 종일 집에서 뒹굴 거리며 TV를 아이들과 볼 때도 있다. 설거지를 하지 않아 산더미처럼 쌓일 때도 있고 빨래를 돌리지 않아 교복을 아침에 빨아서 말릴 때도 있다. 참 엄마답지 못한 행동들이 너무도 많이 있지 않은가? 그래도 우리 아이들은 나를 엄마라 부른다. 그리고 "행복해?"라고 물어보면 "행복하다"고 한다. 그러니 행복의 기준은 이런 것이 아니라는 것이다.

불량엄마의 선택적 교육관

행복의 기준은 사랑이 기반이 된 자율성에서 시작된다. 사랑이 없는 자유는 방종이 된다. 그러나 사랑이 기반이 된 자유는 주체적인 삶을 살게 된다. 이 주체성은 너무나도 중요하다. 자신의 삶을 타인이 대신 좌지우지 하지 않게 하는 힘 주체성이다. 자기주도적인 삶이라고도 한다. 자신의 삶에 '왜?'를 던질 수 있는 삶.

나는 왜 살아가는가? 나는 왜 이 일을 하고 있는가? 나의 삶의 일어나는 모든 일은 왜 일어나는가? 이런 주체적인 삶을 살아가도록 질문을 해야 한다. 그렇기에 엄마는 자신의 삶을 살아간다. 그 삶에 여러 가지 역할이 있는데 그중 하나가 엄마이다.

엄마의 역할이 내 삶 전체는 아니라는 것을 꼭 기억하여야 한다. '엄마'는 삶을 살아가면서 나에게 주어진 역할 중 하나이다. 이 역할을 얼마나 잘 해내느냐가 중요하지. 이 역할이 나의 모든 것을 지배한다면 그것은 무언가 문제가 좀 있다. 나에게는 사회적 역할이 참 많다. 그중 하나가 모두를 지배한다면 그 역할이 끝난 후 나는 실망감에 빠질 가능성이 높다. 투자의 기법 중 가장 중요한 기법은 분산투자이다. 삶 속에서 나의 역할도 이렇게 되어야 한다. 그럴 경우 부족한 부분은 또 다른 역할에서 메울 수도 있고 더 나은 역할에 중심을 둘 수도 있기 때문이다.

이렇게 나는 나 자신의 삶을 중요하게 생각한다. 물론 엄마란 역할도 최선을 다해서 하고, 아내의 역할도 최선을 다하려 한다. 이 최선은 지극히 개인적인 가치관에 따라 달라진다는 것도 알 것이다. 그러니 우리는 다른 사람들의 인생을 살면 안 된다. 내 인생을 살아야 한다. 그래야 아이들도 자신의 인생을 살아간다. 그 주체적인 삶 속에서 자신에게 '왜?'라는 질문을 던지며 해답을 찾아가는 것이 삶이다. 오늘도 그러한 하루가 되려고 노력하고 그러한 하루를 살아가라고 우리 하하하남매에게 이야기한다. 자신의 삶은 절대 누가 대신해서 살아줄 수 없는 것이다. 나이가 어려도 많아도 이것은 변하지 않는다는 것을 가르쳐주고 싶다.

  엄마의 모성이 좀 부족해 보이는가? 그렇다 할지라도 난 그렇게 하하하남매들과 독립적인 객체로, 가족으로는 함께함으로 행복한 삶을 살아갈 것이다. 우리는 이렇게 가정 안에서 팀으로 공유하며 살아간다. 공간도 공유하고 마음도 공유해서 더 성장해 나가고 싶다. 이것이 내가 지향하는 가정공동체의 방향이다. 난 오늘도 친절하지 않은 불량엄마로 살아간다.

 마치는 글

어느덧 글을 마무리하는 시점이 되었다. 한 줄 쓰기도 버거울 것 같았는데 한 권을 다 마무리하는 시점이 되니 왠지 모를 뿌듯함이 내 안에 차오른다.

하하하남매들과 함께 보내온 세월이 어느덧 16년, 내년이면 고등학생이 되는 하군. 드디어 또 새로운 세계로 입문하는 아들을 둔 엄마로 마음의 준비를 해야 하는 시점이다. 기대도 되고 걱정도 되지만 난 우리 하군을 믿는다. 무엇이든 스스로 선택하고 그 선택에 책임을 질 것이라는 것을 말이다. 막내하딸도 드디어 초등학교를 졸업하고 중학생이 되는 시점이다. 이제 정말 한숨 돌릴 수 있을 듯하다.

초등학생과 중학생은 아주 큰 차이를 보인다. 이유는 무엇일까? 가만히 살펴보면 아이들이 초등학교까지는 자신이 마냥 어린이라고 생각하는데 중학생이 되면 갑자기 청소년이라는 생각에 어깨에 힘이 들어간다. 그 모습이 얼마나 귀엽고 사랑스러운지.

아직은 큰 교복을 입고 앳된 모습에 버스를 타고 학교 가는 모 습을 상상해 볼 때 설레어 보이기도 하고 걱정스러워 보이기도 할 것 같다. 하딸은 동생과 함께 다시 학교를 다녀야 한다. 오고가며 또 투닥거리겠지만 공유할 수 있는 것이 더욱더 많아지기에 웃을 날도 더 많아지리라 믿는다.

돌이켜 보면 어른들이 말씀하시는, 애들 키울 때가 좋았다고 하는 말의 의미를 이제는 조금 이해가 된다. 시간이 지나면 무엇인들 후회가 없을 수는 없겠지만 그래도 추억이 아름다운 이유 중 하나는 후회가 있기 때문이지 않나 생각해본다. 그렇기에 현재가 더 성숙되었음이 느껴진다.

나는 이 책을 통하여 자신의 삶을 사는 것, 스스로 주체적인 삶을 사는 것, 스스로 선택한 일에 대한 책임을 지며 사는 것 등을 이야기하고 싶었다. 아직 어린 우리 아이들이지만 그들은 존재하는 인격체이기에 그들의 삶을 지지해 주고 싶었다. 아직 어린아이를 키우는 엄마들은 이해하기 어려울 수 있을지 모르지만 '세 살 버릇 여든 간다.'

는 말이 있다. 습관에 대한 속담이지만 달리 생각해본다. '세 살에 존중받아본 아이는 나이 여든까지 자신도 존중하고 타인도 존중하는 삶을 산다.'라고 믿는다.

아이들은 어른의 거울이다. 나는 지금도 가끔 아이들에게 훈계를 들을 때도 있다. 엄마가 사용한 말을 그대로 되돌려 받을 때 마음이 쓰리고 아프다. 또 버릇없어 보이는 모습에 화가 나기도 하지만 그 아이들도 그랬지 않았나 하는 생각에 미안한 마음이 더 많이 든다.

아이들에게 나를 비추어 보라. 가리고 싶은 나의 모습이 어느덧 비춰질 것이다. 그러나 직면하여야 한다. 엄마의 그런 태도를 곁에서 지켜본 아이들은 자신들도 그러한 상황에 처하면 보고 배운 대로 직면할 것이다.

우리는 스스로를 채워가야 한다. 한 사람의 주체적인 삶이 다른 이들에게도 영향을 미치기 때문이다. 그중에서도 가장 가까이에 있는 우리의 자녀들에게 가장 많은 영향력을 미친다. 그렇기에 조금 부족한 엄마의 모습이지만 그래도 끊임없이 스스로 채워가는 모습을 꼭 보여주어야 할 것이다.

나는 오늘도 스스로를 채우려 노력한다. 그것을 지켜보는 우리 하하하남매들이 있기에 더 그렇다. 가끔은 그 눈들이 나를 감옥에서 감찰하는 듯한 느낌을 받을 때도 있다. 아마 아이들은 그렇지 않을 것인데 내 자신이 그렇게 느끼는 것이지 싶다. 아이들 앞에서 멋진 본보기가 되는 엄마가 되려고 노력하기에 그럴 수 있다. 그렇지만 늘 그렇게 살아갈 수는 없다. 엄마도 사람이다. 어떨 때는 실수도 하고, 넘어져 울기도 하고, 때로는 아이처럼 생떼를 부릴 때도 있다. 물론 성숙하지 못한 모습을 보일 때는 너무 부끄럽겠지만 그렇기에 아이들도 자신이 그런 모습을 보일 때 받아들일 수 있지 않겠나 싶다. 그렇게 우리는 함께 살아가고 함께 만들어 가고 함께 성장해 가는 가운데에 있다.

아직은 부족한 것이 많은 가정이다. 정말 누가 어떻게 사나? 하고 방문을 한다면 거절을 할 수도 있다. 학습지 선생님이 방문하는 날이 대청소하는 날이다. 그러니 얼마나 정신없이 살아가겠는가? 그래도 가능성이 있는 가정이다. 뒤를 돌아볼 때 조금씩 성장하고 성숙한 모습을 찾을 수 있기 때문이다. 10년 전보다, 5년 전보다, 3년 전보다, 1년 전보다, 어제보다 오늘이 기대된다.

이렇게 앞으로 다가올 미래가 기대되고 나에게 주어진 오늘이 기대되는 삶을 살고 싶다. 그러기 위해서는 절대 혼자서는 만들어 가지 못할 것이다. 나에게는 가장 좋은 동반자인 하하하남매와 남편이 있다. 세상에 나와 평생을 함께해줄 누군가가 있다는 것은 엄청난 행운이다. 또 그 누군가가 내가 사랑하는 사람이라면 이것은 축복이 아니겠는가? 난 축복받은 사람임은 확실하다. 얼마나 감사한지. 그리고 그 감사를 함께 나누고 싶다. 모든 가정이 축복받았음을 말이다. 이렇게 글을 마무리하려 한다.
나에게는 다음이 또 있기에….